賽局原來這麼生活

吳正光 著

序　言

　　博奕理論亦稱為賽局理論，從字面上來看就是研究各種比賽或競爭的理論。我們都知道：「知己知彼，百戰不殆」的道理，深知分析雙方互動策略的重要性。然而中國歷史早在西元前510年就有孫子兵法。歷史記載著東方學者研究作戰或競爭的謀略已達二千多年，但是卻不見任何學者將競爭者間的互動關係做有系統的整理，並將獲利的大小、多少，以數值分析的方式呈現給世人。反觀近代西方社會關注著科學實事求是的精神，以量化的方式來解釋競爭雙方的策略或謀略的互動關係，於是近代西方學者研究競爭與合作的賽局理論逐漸成形。

　　其實東方研究謀略的軍事家或政治家非常的多，從近代國共內戰的競爭賽局來看，中國共產黨1921年成立到1949年，20幾年由弱勢變成強勢，最後從中國國民黨的手中取得政權，就可想像毛澤東是一個善用謀略的賽局專家。我們研讀孫子兵法：「兵貴勝，不貴久」、「避其銳氣，擊其惰歸」，以及毛澤東戰法：「敵進我退，敵退我打，你打你的，我打我的，打的贏就打，打不贏就跑」等等戰術戰法後，當我們在作戰或與人競爭時，想要複製及運用這些方法時，往往無法以數值統計出各種策略的利益大小，也難以讓我們分析出策略的好壞，進而做出較合理的決定。

　　賽局理論是近代西方一門研究決策的學問，它和中國兵法相同的是：講求策略最佳化，利潤最大化。唯一不同的是，賽局理論是將決策的過程，作有系統的歸納並以數字、表格及圖形呈現，將其建立一個數學模型，最後分析並找出最佳解，以提供決策者參考。近代賽局理論已運用於政治、軍事、生物演化、經濟及電腦科學等等領域，尤其應用在經濟學的研究非常多，因為在研究商業行為時，著重在商業競爭中，如

何獲得我方（公司）的最大利潤？找出最大勝算。這和我們在作戰競爭中是一樣的，所以只要是有競爭存在，就會有應用賽局理論的可能性。例如：您要在一個商圈中，開一家店，必須先調查這商圈中的競爭者，訪視客源、價格等因素後，找出自己的最佳策略，訂定開店計畫書，然後著手執行，獲取利潤。

　　近年來國內學者研究賽局理論於各領域的應用還在起步階段，當有人提到賽局理論時，常常會讓人覺得是一個充滿數學公式，讓人頭大的艱深理論，這也是造成無法廣泛應用與研究的原因。所以這本書大都以圖形或表格的方式呈現，儘量以較淺顯的數學公式來解釋賽局分析的過程，不讓初學者看到賽局理論而怯步，希望能夠讓各領域的學者激起研究賽局理論的興趣。

　　本書主要是針對各領域對應用賽局理論有興趣的人所設計，它適合具有邏輯推理及簡易數學知識的學習者所閱讀，並加以應用在日常生活。全書由淺入深的講述賽局理論的基本概念，再以淺顯易懂的案例逐一探討賽局模型。本書分為六個部份涵蓋八個章節。第一部份為賽局理論概述，它包含第一章以案例說明何謂共同知識？並釐清賽局理論與一般決策理論的不同處。第二部份為非合作完全訊息靜態賽局，它包含第二、三章，第二章介紹純粹策略的矩陣賽局，第三章解說混合策略的矩陣賽局。第三部份介紹非合作完全訊息動態賽局，它包含第四、五章，第四章解說重複性的非合作賽局，並探討隱性勾結。第五章進入策略先後順序的樹狀賽局，並介紹子賽局完美均衡解。第四部份介紹非合作不完全訊息賽局，第六章介紹不完全訊息的靜態與動態賽局。第五部份介紹合作賽局的相關研究，它包含第七章，該章介紹納許談判解，以及猶

太塔木德法典（Talmud）處理破產問題。最後一部份為賽局理論的延伸研究，它包含第八章，該章介紹現行賽局理論應用於生物演化等其它領域上。每章最後一節為問題與討論，以評量讀者的學習成效。

最後，本書付梓期望能為賽局理論的研究盡一份綿薄之力。

誌謝

這本書獻給摯愛的父母、愛妻、倫倫、然然。

CONTENTS

目錄

第一部份 賽局理論基本概念

【第一章】 什麼是賽局理論？

　　大家都知道這世界充滿了競爭，只要你是一個心智正常的人，當你一睜開眼睛，無時無刻都在想著計畫與決策的事，而賽局理論正是研究競爭者（或稱玩家）間的互動關係，進而分析出最大勝算，獲取利益。賽局理論就像其它理論一樣，必須有一定範圍的假設，當每一個人在做決策時，賽局理論中第一個假設條件是：玩家都是理性的決策者。第二個假設條件是：所有理性的決策者，當他們在做決策時，都知道他們自己的報酬（Payoff）是什麼？第三個假設是：參賽者間有互動的關係，也就是參賽者會去想對方的想法，他們之間的策略會互相影響。

1.1 理性和報酬是什麼？

　　每個玩家在乎的報酬可以是實體的物質或心靈與精神上的滿足。物質上的滿足可以是金錢，房子等等有形物質；而精神上的滿足可以是犧牲自己的生命來得到群體認同，自認為「高尚的情操」。例如恐怖份子在911恐怖攻擊事件中，策劃劫持民航機，自殺式的撞擊雙子星大樓，這種異於常人的行為，有時候我們會分不清，到底他們的行徑是理性的嗎？但是如果用理性的定義來看，其實可以分析出他們的決策是有報酬的。他們為了報復美國在中東發起一連串的軍事行動，損害中東回教激進份子的權益，這些自殺攻擊者號稱發動聖戰，他們認為參與光榮的聖戰，死後能夠到他們所謂的美好地方，或許是天堂，因此得到內心的滿足。這些滿足就是他們的報酬，他們認為殉道式的犧牲，造成美國三千多名無故百姓的喪生，是他們報酬最大化的表現。

　　每一個人在做一個決策時，都會有自身的報酬與利益，不是這想法太唯利是圖，而是當要做決策時，內心知道自己的報酬是什麼？除了兩歲以下的孩童及患有精神疾病的人，無法確定自己的報酬外（他們的報酬可能會不斷的變動），任何人做決策時，都可以找出自己的報酬。股票投資人的報酬是金錢，他考量報酬最大化的行為，就是如何選定投資目標來賺大錢？而戀愛中情感的報酬，可能只是看到情人的笑容所得到的內心快樂，他將報酬最大化，也許是花大筆的錢買一顆大鑽戒送給情人，自娛娛人。宗教人士做一些善行，也許他們認為幫助窮人，遵循宗教的教義，會得到一種內心的愉悅，這些他們也會認為是一種報酬。

　　因此可以定義理性（Rationality）：「每一玩家與他人競爭互動時，都有一套獲得報酬計算的方法，他會依據策略選擇的結果，做出最有利自己的決定，這就叫作報酬最大化的行為。」

　　我們分析所有人們的決策行為，如果這些人是理性時，可以確定他們做這決定時，都會考量一定的報酬，並且將其報酬最大化。小到全家選擇去玩的路線，大到國家未來的政策走向，都可以視為一場策略互動性的賽局，因此都可以找到報酬是什麼？並且可以分析最大化報酬的策略是什麼？由於參賽者在做決策時，都會考量報酬最大化，因此他們的決策會達一個穩定均衡狀態，大家都不會偏離這決策，這狀態是賽局最適當的均衡解決方案。只不過當你考量到的玩家愈多時，因為玩家間考量的互動因素愈多，分析這個賽局的難度就愈高，例如股市間的競價行為就比較不容易分析。

設身處地的想想她（他）人的想法

　　印度有一個故事，一個賣帽子的商人到城市批了一大籃帽子，他帶著這些帽子走到森林中看到一個大樹，因為太累於是坐下來休息，他用一個帽子遮蓋自己的雙眼小睡一會兒，當他醒來時發現有一群猴子把他買來的帽子戴在頭上，並且爬到大樹上玩耍，商人一時不知道如何將這些帽子拿回來，於是口出穢言非常生氣地將自己頭上戴的帽子往地上一丟，沒想到，這些猴子模仿商人氣憤的動作，也將自己頭上戴的帽子丟在地上，商人看到這些帽子掉到地上，於是迅速地將這些帽子放回籃子，回到家裡向兒子及孫子述說這件有趣的事。過了30年，商人的孫子也當起賣帽子的商人。有一天商人的孫子，同樣地到城市批了一大籃帽子，走到森林中看到一個大樹，於是坐下來小睡一下，當他醒來時發現有一群猴子把他買來的帽子戴在頭上在大樹上玩耍，他想起30年前阿公曾跟他說過：「猴子戴帽的故事」。於是高興地將他的帽子丟到地上。但很奇怪的，樹上沒有一隻猴子將帽子丟到地上，突然有一隻猴子跳下來，走到商人面前，把商人的帽子撿起來，並賞了商人一記耳光，對他說：「你有阿公，我也有阿公。」

　　這個故事雖是一則笑話，但它告訴我們一個理性的人在做決策時，應該要考慮你的對手在想什麼？當與人競爭時，一定會有互動，有了互動後你必須考量對方的策略和你的策略，他出的策略是什麼？你有什麼樣的策略去應對？會產生怎麼樣的結果？如果你只是單方面考慮到自己的話，或只是根據以往的經驗來做決定，是不夠周全的。人在這社會中，只要你和別人有互動，有競爭時，你就應該要考慮到對方在想什

麼？不是只有自己的想法。猴子戴帽的故事可以讓我們清楚的區分，一般決策理論和賽局理論的不同處，一般決策理論只有考慮自身以往經驗及知識，而賽局理論除了考量以往經驗知識外，還需考量競爭者的立場、想法及可能的策略。

1.2 共同知識

賽局理論主要是研究玩家間的互動策略，也就是當我與他人競爭時，我會考慮到對手的策略。同樣地，對方也會同時考慮到我的策略，這種玩家間都會知道的共有知識，稱它為共同知識（Common Knowledge）。

1.2.1 至少有一人是髒臉

奧曼（Robert J.Aumann於2005年獲得諾貝爾經濟學獎）以一個簡單的例子，來說明什麼是共同知識？假設有三位幼稚園的小學生上塗鴉課時都把臉給弄髒了，當他們三人圍坐在老師身旁時，老師一個一個的問每一位小學生：「自己的臉是否弄髒？」猜對有獎勵，猜錯會被處罰。教室內沒有鏡子，也不允許他們彼此交談，剛開始這三位小學生都不敢猜，因為每位小學生只能看到另外二位的臉，但是無法看到自己的臉是否弄髒？現在老師加問了一句話：「你們中間至少有一位的臉是髒的。」這句話使三位小學生產生了相同的知識。就是當這句話說出來時，讓每位小學生都知道「三人中間至少有一人的臉是髒的」。有了這句話後，他們就可以互相推論彼此間的決定。老師重新開始以上面兩句依序的去問三位小學生，第一位和第二位被問到的小學生雖然不敢猜，

但是第三位小學生就很確定的答出自己的臉是髒的。為什麼第三位小學生這麼聰明，可以按照第一和第二位小學生的答案，來推論出自己的臉有沒有髒？來看以下分析：

　　因為教室沒有鏡子，三位小學生都不知道：「所有人的臉都是髒的」。當老師問第一位時，他看到另外二位的小朋友是髒臉，他心裡會想：如果另外二位的臉是乾淨的，我就可以根據老師第二句話（三人中間至少有一人的臉是髒的）猜自己是髒臉；可惜另外二位小學生的臉是髒的，自己有可能是乾淨的，所以第一位小學生怕猜錯被罰而不敢猜。接著老師問第二位小學生，第二位心想：第一人不敢猜應該是因為看到：在他之外至少有一張髒臉，所以我和第三位同學中至少有一張髒臉；如果第三位同學臉是乾淨的我就能猜了，可是我看到第三位同學的臉是髒的，所以我也難以判斷我的臉是髒還是乾淨的，還是不要猜。老師最後問第三位，他想：從第一位的不猜，第二位同學應能推理出第二位和第三位中至少有一張髒臉，如果他觀察到我的臉是乾淨的，那第二位同學已經可以猜自己臉是髒的；可是看到他不敢猜，可見他觀察到我的臉是髒的。所以，我敢猜我的臉是髒的。

▶ 圖 1.1　三位小學生「至少有一張髒臉」的共同知識

我們進一步用圖形來分析，會比較瞭解：

設定三位小學生A、B和C。第一次問A，如果A看到B、C的臉乾淨（白），A就敢猜，自己是髒的（黑）；但是A看到B、C的臉是髒的（黑），所以可能有以下右邊兩種組合：全黑或兩黑一白，A有可能是黑的也有可能是白的，所以不知道答案。

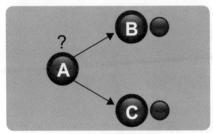 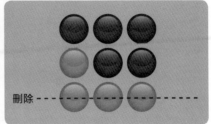

第二次問B，B會想：如果A敢猜，表示A看到B和C都是白；但是A不敢猜是因為「B和C有一個是髒的（一黑一白）」或「B和C都是髒的（兩黑）」。所以B可以把都是白的刪除（如上圖右邊）。如果B看到A、C的臉一黑一白，B就敢猜自己是黑的，但是B看到A、C的臉是髒的，所以同樣可能有兩種組合，所以不知道答案。

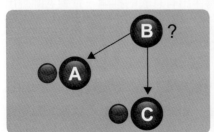 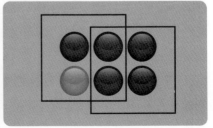

　　第三次問C，C會想：B敢猜，表示B看到A、C的臉是一個髒的一個乾淨的（一黑一白），但是B不敢猜，表示B看到A、C都是髒的（兩黑），加上C看到A、B都是髒的（兩黑）。因此C可以推論出A、B、C都是髒的。

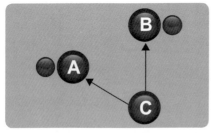
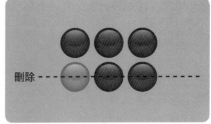

　　從這個例子可以看出「共同知識」的重要性。奧曼稱某訊息或資訊為參賽者的「共同知識」，它指的是每位參賽者都知道所有參賽者都知道該訊息，而且所有參賽者都知道所有參賽者都知道該訊息……直到無窮層次都知道。也可以說共同知識是：我知道你知道我所知道的，你也知道我知道你所知道的……，如此一直不斷地想下去……。在上個遊戲中，老師尚未說出：「至少有一張髒臉」時，三位小學生間沒有共同知識，所以他們三位不能依對手的作為作出有意義的推論。直到老師說出「至少有一張髒臉」的共同知識後，三位同學就可作出合理的推論，分別做出猜或不猜的最佳決策。

　　奧曼認為參賽者在與人競爭時，都具備了對其賽局結構的共同知識以及和瞭解對手具有理性的共同想法，如果大家對此都有這個共同知識

或想法時，他們的決策就會走向一個納許均衡（Nash Equilibrium）。

1.2.2 幸運數字

　　課堂上可以設計一個遊戲來體會一下什麼是共同知識？在課堂中，讓所有的學生在白紙上寫下一個阿拉伯數字，範圍限定為1到100之（中）間寫下一個數字，不要讓其他同學看到你寫的數字。同學寫好之後，將全部人的數字搜集起來，先計算這些數字的平均值，再將平均值乘上2／3，會得到一個幸運數字，如果這幸運數字最接近某位同學寫的數字，那這位同學就可以得到獎金200元。

　　舉個例子解說如何計算幸運數字：如果有三個同學（A、B和C）分別寫下25、5及60三個數字，平均值為（25+5+60）／3=30，30乘上2/3，幸運數字為20，則A同學寫的25是最接近幸運數字20的（為A同學寫的25），所以A同學（第一個同學）獲得獎金200元。如果這個遊戲（如果）有兩個人寫的數字同樣最接近幸運數字，那獎金就由兩人均分，三人一樣就由三人均分，以此類推。等過了5分鐘後，將所有同學寫下的數字收齊，計算這個班級的幸運數字。同學可以打聽以往班級的幸運數字拿到這筆獎金嗎？每次讓同學玩這遊戲，答案會一樣嗎？如果不能確定，答案每次都會不一樣，為什麼會這樣？

　　讓我們來計算一下，如果所有人都填100，這個賽局的幸運數字就是100乘上2／3為66.66。

　　如果所有人都填66，這個幸運數字為66乘上2／3得到44。

如果所有人填44，幸運數字為66乘上2／3得到29.33。

如果所有人填29，幸運數字為29乘上2／3得到19.33。

如果所有人填20，幸運數字為20乘上2／3得到13.33。

如果所有人填13，幸運數字為13乘上2／3得到8.66。

如果所有人填8，幸運數字為8乘上2／3得到5.33。

……………………………

　　如此一直計算下去，幸運數字會接近零。所有人都知道其它人會這樣計算，但有些人想的或許不多，有些人可能想的又太多，因此每個人填的數字都會不相同，所以每個人很難確定計算出來的幸運數字會和自己的數字最為相近。而且每次遊戲的幸運數字結果都不一樣。

　　根據作者在課堂上做的實驗設計，班上有60人，請同學填寫自己的數字後，隔週的第二課堂上課時，老師忽然發現上週第一堂課所有同學寫的資料都不見了，所以在第二堂課時請同學再寫一次，上週所填的第一次數字就不計算，以這週第二堂課所有同學填的數字為主，然後計算幸運數字為11.7。最接近11.7的同學獲得200元獎金。過了兩天老師在研究室找到之前第一堂課所有同學寫的資料，於是好奇地將第一堂課時同學寫的數字，依公式計算幸運數字為13.4。發現同學們第一堂課算出來的幸運數字為13.4，比第二堂課算出來的幸運數字11.7大，也就是同學寫的數字愈寫愈小。以上的案例中只有給同學們5分鐘的思考的時間，如果思考的時間愈多，幸運數字也會愈來愈低。

這個賽局的幸運數字會隨著參與人填的數字不同而改變，如果這些同學沒有勾結的情況下，每次玩這賽局的結果，都會不同。因為同學無法決定其它同學的決定，也無法猜到其它同學選定的數字，只能依照上述的規則不斷的思考後，幸運數字會愈來愈低。當老師在賽局中講述規則後，同學為了得到獎金200元，腦海中會思考著：我要填哪個數字，才會接近幸運數字？於是會去想其它同學應該也會這麼想，而其它同學也會正在想著我是如何這樣想的，此時同學們都在猜想著彼此的想法，於是大家一直持續的想下去到無止境……。這種同學們之間都知道的知識，稱它為「共同知識」。

1.2.3 猜猜我生日

再舉個例子，看看參賽者如何用共同知識推論出未知的事件。如果你喜歡隔壁的阿花，想問她的生日在什麼時候，以便送她禮物。但她不想讓你知道，除非你夠聰明，於是阿花想了一個問題來問你，答案就是她生日。題目如下：

同班小美和小珍都是阿花的好朋友，阿花的生日是M月D日，阿花告訴小美她是幾月生，也就是讓小美知道M的答案；又告訴小珍她是幾日生，也就是讓小珍知道D的答案。阿花告訴2人，她的生日是下列10個日期當中的一天：

2月3日、2月5日、2月8日、6月3日、6月7日、10月1日、10月5日、12月1日、12月2日、12月8日。

阿花故意問小美和小珍：「是否知道她的生日是幾月幾號？」

小美先說：「如果我不知道的話，小珍肯定也不知道」，

小珍說：「本來我也不知道，但是現在我知道了」，

小美說：「哦，那我也知道了」，

請根據以上對話推斷出阿花的生日是哪一天？

解答 10月1日。

為什麼？以下解答：

有10個日期 0203、 0205、 0208、 0603、 0607 、1001、 1005 、1201、 1202、 1208。

小美知道月，小珍知道日，小美先說：「如果我不知道的話，小珍肯定也不知道」，這種絕對的語氣，代表小美知道的一定是2月或10月，因為6月和12月的日期中07和02無重複，也就是說有五個候選日期：0203 0205 0208 1001 1005。接下來小珍又說：「本來我也不知道，但是現在我知道了」，這代表小珍的「日」是五個選擇中單獨存在的，而0205和1005的「日」重複→ 肯定不是05，剩下0203 0208 1001三組為可能的答案。

而小美知道小珍肯定是哪個日期後，也馬上說出：「哦，那我也知道了」， 小美知道月，因為0203和0208都是2月，如果答案是2月，小美就無法這麼肯定的，所以只有1001，答案為10月1日。

解答如下圖1.2：

小美先說：「如果我也不知道的話，小珍肯定也不知道。」

小美知道　月	02	02	02	06	06	10	10	12	12	12
小珍知道　日	03	05	08	03	07	01	05	01	02	08

小珍說：「本來我也不知道，但是我現在知道了。」

小美知道　月	02	02	02	06	06	10	10	12	12	12
小珍知道　日	03	05	08	03	07	01	05	01	02	08

小美說：「哦！那我也知道了。」

小美知道　月	02	02	02	06	06	10	10	12	12	12
小珍知道　日	03	05	08	03	07	01	05	01	02	08

▶ 圖 1.2　猜猜我生日

1.2.4 兩個數字

　　數學老師從阿拉伯數字2到9中選出兩個（可以重複），把兩個數值的和（相加）告訴學生甲，把兩個數值的積（相乘）告訴學生乙，然後依序問學生甲、乙猜不猜的出來這兩個數是什麼？

　　甲說：「我猜不出」

　　乙說：「我也猜不出」

　　甲說：「我知道了」

　　乙說：「我也知道了」

　　根據學生甲、乙的說詞，推論出這兩個數字為何？

解答

　　所有兩數相加的可能情況：

13

2+2=4, 2+3=5, 2+4=6, 2+5=7, 2+6=8, 2+7=9, 2+8=10, 2+9=11,

3+3=6, 3+4=7, 3+5=8, 3+6=9, 3+7=10, 3+8=11, 3+9=12,

4+4=8, 4+5=9, 4+6=10, 4+7=11, 4+8=12, 4+9=13,

5+5=10, 5+6=11, 5+7=12, 5+8=13, 5+9=14,

6+6=12, 6+7=13, 6+8=14, 6+9=15,

7+7=14, 7+8=15, 7+9=16,

8+8=16,8+9=17,

9+9=18。

甲說：「我猜不出」，推論出兩數相加的值，一定有重複答案，所以猜不到。有重複的答案如下：

2+4=6, 2+5=7, 2+6=8, 2+7=9, 2+8=10, 2+9=11,

3+3=6, 3+4=7, 3+5=8, 3+6=9, 3+7=10, 3+8=11, 3+9=12,

4+4=8, 4+5=9, 4+6=10, 4+7=11, 4+8=12, 4+9=13,

5+5=10, 5+6=11, 5+7=12, 5+8=13, 5+9=14,

6+6=12, 6+7=13, 6+8=14, 6+9=15,

7+7=14, 7+8=15, 7+9=16,

8+8=16

以上組合的兩數相乘可能情況如下：

$2 \times 4 = 8$, $2 \times 5 = 10$, $2 \times 6 = 12$, $2 \times 7 = 14$, $2 \times 8 = 16$, $2 \times 9 = 18$,

$3 \times 3 = 9$, $3 \times 4 = 12$, $3 \times 5 = 15$, $3 \times 6 = 18$, $3 \times 7 = 21$, $3 \times 8 = 24$, $3 \times 9 = 27$,

$4 \times 4 = 16$, $4 \times 5 = 20$, $4 \times 6 = 24$, $4 \times 7 = 28$, $4 \times 8 = 32$, $4 \times 9 = 36$,

$5 \times 5 = 25$, $5 \times 6 = 30$, $5 \times 7 = 35$, $5 \times 8 = 40$, $5 \times 9 = 45$,

$6 \times 6 = 36$, $6 \times 7 = 42$, $6 \times 8 = 48$, $6 \times 9 = 54$,

$7 \times 7 = 49$, $7 \times 8 = 56$, $7 \times 9 = 63$,

$8 \times 8 = 64$。

乙說：「我也猜不出」，所以同樣推論出兩數相乘的值，一定有重複答案，所以猜不到。有重複的答案如下：

$2 \times 6 = 12$, $2 \times 8 = 16$, $2 \times 9 = 18$, $3 \times 4 = 12$, $3 \times 6 = 18$, $3 \times 8 = 24$, $4 \times 4 = 16$, $4 \times 6 = 24$, $4 \times 9 = 36$, $6 \times 6 = 36$。

以上組合的兩數相加如下：

$2 + 6 = 8$, $2 + 8 = 10$, $2 + 9 = 11$, $3 + 4 = 7$, $3 + 6 = 9$, $3 + 8 = 11$, $4 + 4 = 8$, $4 + 6 = 10$, $4 + 9 = 13$, $6 + 6 = 12$。

甲說：「我知道了」，代表以上的組合相加沒有重複答案，如下：

$3 + 4 = 7$, $3 + 6 = 9$, $4 + 9 = 13$, $6 + 6 = 12$

以上組合的兩數相乘如下：

3×4=12, 3×6=18, 4×9=36, 6×6=36

乙說：「我也知道了」，代表以上的組合相加沒有重複答案，如下：

3×4=12, 3×6=18

所以答案有兩組：3和4，以及3和6。

1.3 賽局模型的建構

　　美國在20世紀初期，普林斯頓大學成立高等研究院，並召集了各領域的專家學者，例如愛因斯坦、馮‧鈕曼等人，在高等研究院共同討論並研究世界未來的科技走向。這些在高等研究院的發明，在當時被世人認為是柏拉圖的想像，暗諷這些研究為不可能實現的想法。但這些發明過了50年後都一一呈現在世人的眼前，所以這群科學家的想像空間，就叫「柏拉圖的天空」。馮　‧　鈕曼（Von Neumman）生於1903，匈牙利人，第二次世界大戰時曾參與美國原子彈的製造，他為IBM電腦公司研發設計世界第一部二位元的電腦。他是匈牙利裔的美國人，在布達佩斯攻讀博士學位時，幾乎沒在布達佩斯大學上過課，而是到德國和愛因斯坦做量子力學的研究，他花了二年就拿到博士學位。爾後他的學術研究範圍非常廣，涵蓋了物理學、數學、經濟學以及電腦科學幾乎是無所不包。而他也非常的好客，喜歡假日時，邀請好友及同事在家辦宴會。他在高等研究院時提出一些當時人們認為非常奇怪的想法，所以有人懷疑他可能是外星人。

數學家馮‧鈕曼（John von Neumann）與經濟學家摩根斯坦（Oskar Morgenstern）於1947年合作撰寫了《賽局理論與經濟行為》（*Theory of Games and Economic Behavior*）開啟近代學者研究賽局理論之門。這本書是近代研究賽局理論最早且最基本的書，學者們都是以這本書作為研究的基礎。這本書以數學方程式來描述有限賽局（finite game），所以初期賽局理論是數學理論中的一個分支，早期它是以數學呈現，直到1970年代漸漸影響經濟學。90年代以後經濟學領域的研究愈來愈重視賽局理論，現在已變成研究經濟學的一個重要工具，而且近代大部份的賽局都是以矩陣形式（Matrix）或樹狀形式（Tree）來表示。

　　近代賽局專家都知道：「應用賽局理論可以分析大部份競合狀況，根據雙方所使用的策略，想想對方在思考些什麼？進而分析出為什麼雙方最終會使用這策略？為什麼最終是意想不到的結果？」巴沙和歐斯得（Tamer Basar and Geert Jan Olsder）兩位學者將賽局理論和數學規劃法（Mathematical Programing）及最佳化控制理論（Optimal Control Theory），做了一些區分（如表1.1）。如果是一人決策而且是靜態的問題，這類問題的解決方法為「數學規劃法」。靜態與動態之分是以決策者的策略出手是否有先後順序？有先後順序為動態，同時出手為靜態。如果是一人決策而問題是屬於動態，這個解決方法為「最佳化控制理論」。當問題屬於多人（兩人以上）決策而問題是屬於靜態，可以用「靜態賽局理論」來求解。當屬於多人決策而問題是屬於動態時，可以用「動態（微分）賽局理論」來求解。在靜態賽局中，會用矩陣表塑模多

人決策的互動關係。而動態賽局會用樹狀圖及貝氏定理（Bayes' theorem）塑模兩人以上決策者的互動關係，這些方法會於爾後的章節介紹。

▶ 表 1.1　賽局理論與一般決策理論的區分表

	一人決策	多人決策
靜態	數學規劃法	靜態賽局理論
動態	最佳化控制理論	動態（微分）賽局理論

　　首先，要瞭解賽局理論必須要先瞭解什麼是理論（theory）？瞭解理論之後才知道它對於人類有沒有價值。理論由模型（model）所產生，所以第一步要先建立模型。模型是模擬社會真實現象而產生的問題，並將問題簡化以模型呈現出來。所以將問題簡化的方法是非常重要的。而要簡化問題必須先要有基礎的背景知識，背景知識愈多，模型愈完整，簡化模型後才能符合實際現況，而拿掉一些不重要的因素，找出重要因素，並建立這些因素的互動關係。然後可以根據建立模型的目的、方向以及現實情況，不斷的檢視及修正我們的模型。（如圖1.3）

1.3.1 理論形成的流程

1.3.1.1 建立模型（Model）

建立互動的過程，掌握現實的情況，而找出解決問題的方法。

1.3.1.2 推理（Reasoning）

推理的方式分為符號邏輯及語言邏輯，符號邏輯的推論較簡單及普遍；而語言邏輯則很困難，因為用語言表示邏輯是很難說明完全，而且現今的成果有限。

1.3.1.3 命題（Proposition）

針對分析的問題，產生表達的想法，只能用在特定的領域，不能用在普遍的現象。

1.3.1.4 定理（Theorem）

找出解決方法，這方法可以用於普遍的現象。

1.3.1.5 結論（Outcomes）

推論出的結論會產生問題的命題與定理，以改變某些社會科學的理論。

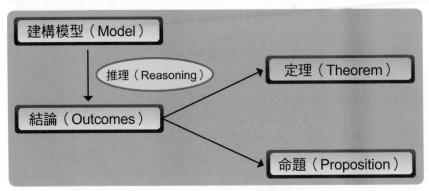

▶ 圖 1.3 形成理論的流程

　　過去的理論可能過時，最好把以前的案例當作範例，就不會有問題。參考現行的理論模型，並瞭解實務情況，再把它簡化成我們要的模型。我們再運用以上形成理論的流程來建構出一個全新的賽局模型，這個模型考量的因素愈完整，愈符合實際情況，你就幾乎可以推論出對方最後做的決定。當你知道你的對手最後會選擇什麼樣的決策，為因應對手的決定，就可以訂定出你的作戰方綱或方針，使自己做出正確的決

策，以減少你的損失，來獲取最大利益，並在競爭中生存。

　　賽局理論提供出有系統的思考方式：從參賽者策略互動的角度切入主題，得到我們想要的模型（model），進而去分析它，有以下四個步驟。

1.3.2 賽局理論思考四步驟

步驟1：建立模型（model）

　　觀察社會現象，找出參賽者及彼此間互相影響的因子，並計算因互動而產生的報酬值，然後建立一個簡易的賽局模型。

步驟2：均衡分析（Equilibrium Analysis）

　　由於參賽者均有報酬極大化的考量，可以找出彼此間的均衡點，是大家都不願偏離的均衡點。

步驟3：數值比較分析（Comparative Statics）

　　利用數值代入模型，分析及比較實際情況，並加以調整模型。

步驟4：動態分析（Dynamics Statics）

　　以案例或隨實際狀況而變化的數值，驗證模型，使簡易的模型精練為較複雜的模型，使模型趨近於實際狀況。

　　知道以上的建立與分析賽局模型的方法，就可以模式化社會現象所產生的問題，釐定參賽者是誰？他們的策略互動的關係（Interactive）是什麼？計算策略互動所產生的報酬，進而找出最佳的策略方針。

1.4 賽局基本概念

　　賽局理論可以把它看成多人決策理論，它提供一種語言去制定、建構、分析及預測參賽者間互動(Interaction)決策的過程。這種策略思考是透過推估，找出合於自己的最大勝算，以利在競爭中獲利。賽局理論劃分合作賽局及非合作賽局兩部份，根據薛林（Thomas C.Schelling）在衝突的策略書中定義：「非合作賽局是指參賽者間的目標是衝突而且是競爭的情況。如果參賽者間的互動關係是沒有這種的情況，彼此合作會獲得利益時，稱為合作賽局。」

　　賽局理論嘗試為決策者之間的衝突與合作建立數學模型，它研究每一個決策者如何根據其他對手的策略，去做出有利於自己的策略。通常在賽局中，必須超過一個以上的參賽者。每個參賽者和其他參賽者具有互動策略（行動）。參賽者是否可以明確得到這些策略訊息？雙方互動結果會產生一個報酬函數（payoff function），這函數可以呈現每位參賽者的偏好。

　　每個賽局（Game）的5個基本要素：參與（賽）者的數目（players）、參賽者各自可選擇的全部策略（strategies）、所有可能出現的策略組合（interactions）、及各參賽者在每個策略組合的報酬（payoff）以及由報酬產生的偏好。以數學符號表示如下：

1.參賽者$N＝$﹛Player 1, Player 2, ⋯Player n﹜$i＝1, 2, ⋯, n$

2.每個參賽者可用的策略S（strategy）＝﹛$S_1 S_2⋯S_n$﹜$i＝1, 2, ⋯, n$

3.對應任一參賽者的策略組合（strategy profile）$s＝（s_1, ⋯, s_n）$，

4.策略組合得到的報酬（payoffs），以 π_i（s_1, s_2, $\cdots s_n$）表示， for all $s_1 \in S_1$, $s_2 \in S_2$, $\cdots s_n \in S_n$

5.依報酬比較各策略的偏好關係，以符號 $\geq$ 表示。

　　一個賽局表示方式可區分為策略形式（Strategic Form）與擴展形式（Extensive Form）兩種。策略形式又稱報酬矩陣形式賽局（Normal Form Game）$G = <N, (S_i), (\pi_i)>$，一個賽局有數個玩家，他們的策略在競賽時，是同時出手，稱為靜態賽局。靜態賽局用矩陣表來表示參賽者之間互動關係，策略形式表示參賽者同時出招（Simultaneous Moves）的競爭型態。若為兩人賽局時（$n=2$），以（π_1, π_2）表示在某一策略組合下兩人（$i=1, 2$）之報酬，π_1，是參賽者1的報酬值，π_2是參賽者2的報酬值。（如表1.2）

▶ 表 1.2　報酬矩陣表

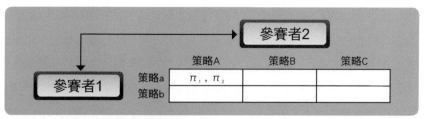

　　兩人玩剪刀石頭布賽局，雙方的策略只有三種：剪刀、石頭及布，由於比賽時是同時出手，比賽規則為：剪刀贏布，布贏石頭，而石頭贏剪刀。設定贏的一方得到報酬+1，輸的一方得到報酬為 -1（也就是失去利潤1）。因此就可S以將雙方的策略互動對應到的報酬，以矩陣表的形式呈現，如表1.3：

▶ 表 1.3 剪刀石頭布報酬矩陣表

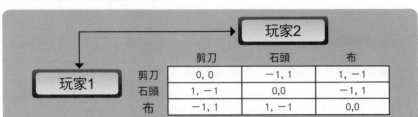

零和（zero－sum game）與非零和賽局（nonzero－sum game）：當分析雙方策略互動的報酬時，如果雙方每一個互動策略組合的報酬值是互補的，也就是我失去的報酬，就是對方獲得同等的報酬；而對方失去的報酬值，就是我得到的報酬值。這就是一個零和賽局，例如猜拳遊戲。但是我們兩個策略組合的報酬其中有一組不是互補的關係，譬如我的損失報酬值不是對方獲得同等的報酬值，這賽局是為非零和賽局。馮・鈕曼用大中取小定理証明二人「零和賽局」的均衡必定存在。而對大部份的賽局，優勢策略均衡都不存在。所有策略組合的報酬值總合相加後為一定值（常數），就叫常和賽局（constant－sum game）。（如表1.4）

▶ 表 1.4 常和賽局報酬矩陣表

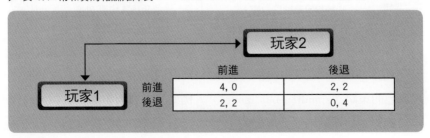

以速食店的削價競爭賽局為例，麥小勞首先打出降價促銷的策略，肯大基依據麥小勞的策略來回應是否要降價或不降價？這種玩家雙方的策略有先後順序的動態出手，我們可以用樹狀圖的表示方式來分析玩家的互動關係及策略組合產生的報酬值，說明這種動態賽局的最好表現方式就是賽局樹狀圖（Game Tree），這樹狀圖也稱為賽局的擴展式（Extensive Form），如圖1.4，在第四章會做完整的解說。

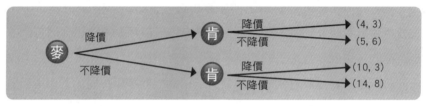

▶ 圖 1.4 賽局樹狀圖

如果將賽局玩家策略的先後順序以及是否可以看到玩家的資訊來分類，可以得到靜態完全訊息、動態完全訊息、靜態不完全訊息及動態不完全訊息等四種賽局類型（如表1.5）

▶ 表 1.5 賽局分類表

	完全訊息	不完全訊息
靜態	純粹策略納許均衡 NE	貝氏納許均衡 BNE
動態	子賽局完美納許均衡 SPNE	貝氏完美納許均衡 PBNE

所謂靜態與動態的分別在於：靜態是賽局開始時，每個玩家同時出現自己的策略（simultaneous moves）。例如：玩剪刀石頭布遊戲同時出手定勝負，以策略形式來表示參賽者的互動。而動態是玩家出手有先後

順序（sequential move），例如：井字遊戲或進入商圈和同業競爭（挑戰先進入商圈者），有先行者優勢（First－move advantages）與後行者優勢（Second－move advantages）的賽局，如進入商圈，先佔先贏賽局（Entry deterrence game）是先行者優勢的賽局。如果玩剪刀石頭布遊戲是動態賽局，它就是一個後行者優勢的賽局。既不是先行者佔優勢，也不是後行者佔優勢的賽局，就是切蛋糕你切我選的賽局，也就是不管誰當先行者（第一）或後行者（第二）都佔不到優勢，誰也得不到較高的利潤。

　　完全訊息（complete information）與不完全訊息（incomplete information）之分在於：玩家對於競爭者（對手）的互動訊息是否完全知道？互動訊息包括誰是玩家？玩家的策略有哪些？玩家的偏好（preferences）是什麼？當玩家無法完全知道這些互動訊息時，這就是不完全訊息賽局。例如：不確定這門課的老師是否會喜歡當人？就去修這門課，或不確定商場的對手喜愛原價競爭或低價競爭？

　　由以上可知動態比靜態的賽局複雜，而不完全訊息也比完全訊息複雜，分析賽局解的難度也較高。由表1.5可知：靜態完全訊息賽局的解是純粹納許均衡，動態完全訊息賽局是子賽局完美納許均衡，靜態不完全訊息賽局是貝氏納許均衡，動態不完全訊息賽局是貝氏完美納許均衡。接下來的章節會一一介紹。

▶ 問題與討論 ··

1. 有一條街叫小三街，街上住著20戶人家，共有20對夫妻，妻子的邏輯
   推理能力非常的強。當他們的丈夫白天去工作時，這20戶人家的太太
   都會聚在一起喝咖啡聊是非，並談論他們的丈夫，如果他們認為自己
   的丈夫不是小三的話，就會站起來稱讚自己的丈夫，反之如果在聚會
   前，太太有足夠的證據證明自己的丈夫是小三的話，他則會站起來大
   聲的咒罵。另外這20位丈夫，如果有人當小三的話，除了這位丈夫自
   己的太太以外，19位太太都會知道。這個條街的實際狀況是……其實
   這20位丈夫都是小三，所以每位太太其實也都知道另外19位別人的
   丈夫都是小三，但都不知道自己的丈夫是小三，所以每個晚上20位太
   太的聚會，每位太太還是都會站起來稱讚自己的丈夫，這個狀況持續
   了數年……直到有一位年輕的宣教士走入這條街宣教數月後，發現20
   位丈夫都是小三，覺得他們實在太過份。所以在一次聚會時他終於忍
   不住跟20位太太說：這個村莊有「一位」丈夫是小三，說完就離開
   了這條街去其它地方宣教。結果，第1個晚上、第2個晚上、第3個晚
   上……到第19個晚上，都相安無事，每位太太還是都站起來稱讚自己
   的丈夫，結果到了第20個晚上……每位太太都發現自己的丈夫是小
   三，為什麼他們會發現？

2. 這裡有一個兩人賽局，有21隻火柴棒放在桌子上，輪流拿走桌上的火
   柴棒，每人一次只有三種選擇：拿走1隻、拿走2隻或拿走3隻，拿完
   之後輪到另一個玩家拿，拿到最後1隻火柴棒的玩家獲勝，請問要如

何玩才能獲勝？

3. 紅帽與藍帽問題：老師拿著一個籃子，籃內有型式一樣的2個紅色帽子及3個藍色帽子，現在請三個同學到講台前，面向同學而背對老師，現在老師在每一個同學的背後從籃子中選出一個帽子，為他們戴上，不讓戴帽子的同學知道自己帽子是什麼顏色。於是讓他們互相對看，隨後一個個問他們頭上帽子的顏色。

第一個同學說：「我不知道」

第二個同學說：「我也不知道」

第三個同學說：「既然你們都不知道，那我已經知道我戴什麼顏色的帽子」

第一個同學說：「那我也知道我戴什麼顏色的帽子了」

第二個同學說：「說我也知道我戴什麼顏色了」

請問三個同學頭上帽子的顏色為何？

4. 請依照共同知識的原理，說明為什麼股市的價格變動無法掌握？

5. 在以色列古代有一個故事，有一天兩位婦人為爭奪一個嬰孩，鬧到所羅門國王面前。第一位婦人說：「昨晚我和第二個婦人同住一個房間，而且都抱著自己的嬰孩睡覺。在夜裡第二個婦人不小心的把自己的嬰孩給壓死了，趁我睡著時，從我的懷裡把我的嬰孩抱走，並將她死亡的嬰孩放在我的床邊」。第二個婦人反駁第一個婦人的說法，並

說：「第一個婦人說謊，活的嬰孩是我的，死的是她的」。所羅門國王於是叫警衛拿刀來，並說：「將這活的嬰孩劈成兩半，兩個婦人一人一半」，第二個婦人立刻說：「請將這嬰孩給第一個婦人吧！」，第一個婦人卻說：「一半就一半吧！我得不到，你也得不到！」所羅門國王聽到兩婦人的對話後，認定第二個婦人就是活嬰孩的母親。請說明為什麼？

第二部份　非合作完全訊息靜態賽局

	完全訊息	不完全訊息
靜態	純粹策略納許均衡NE	貝氏納許均衡BNE
動態	子賽局完美納許均衡SPNE	貝氏完美納許均衡PBNE

【第二章】 純粹策略的矩陣賽局

賽局開始時，如果每個參賽者的策略是同時出現（simultaneous moves），他們彼此間的互動訊息完全知道，稱這個賽局是靜態完全訊息賽局。通常這種賽局以矩陣表來表示參賽者的策略互動關係，以下會依序介紹幾個純粹策略矩陣賽局。

2.1 認罪賽局——囚犯困境（Prisoner's Dilemma）

「囚犯困境」（Prisoner's Dilemma）是1950年由美國普林斯頓大學教授——塔克對史丹佛大學心理系學生演講時首次提出。塔克教授是約翰‧納許（John Nash）的老師，約翰‧納許提出的「納許均衡」為賽局理論的重要定理，將於2.3節說明，以下說明什麼是「囚犯困境」？

有兩個蒙面人搶劫銀樓，獲得黃金首飾一批（市價約一億元），犯案後他們開車將這批黃金藏於深山中某處。他們開車下山時遇到警方臨檢，車上被查獲「非法持有槍械」，於是警方將兩人逮捕。警方比對他們所攜帶的槍支後，發現與搶劫銀樓的槍支相符，於是強烈的懷疑他們就是兩個搶劫銀樓的蒙面人，但是搶劫銀樓的罪證不足，檢察官如何突破兩位嫌疑犯的心防，讓他們俯首認罪呢？

首先，檢察官會將兩人陷入一個內心掙扎的「困境」當中。檢察官設有一個偵訊室，以方便將兩人隔離偵訊。第一個嫌疑犯進入偵訊室，第二個在外面等候，進入後，檢察官向第一個嫌疑犯提出「認罪協商」，其條件如下：「如果你認罪，你的同夥不認罪，而你轉當污點證

人作證你們倆確實有搶劫銀樓，並且把那批黃金的埋藏地點供出，那你就會獲得減刑的機會，而檢察官也會請求法官無罪釋放你。而你的同夥會因為不認罪，但罪證確鑿（人證、物證齊全），檢察官會請求法官判他5年有期徒刑。」

但是如果你不認罪，你的同夥認罪，他當污點證人去作證你們倆確實有搶劫銀樓時，他會獲得減刑，檢察官同樣地也會請求法官將認罪的人無罪釋放，而你由於不認罪，但罪證確鑿，檢察官會請求法官判你5年有期徒刑。如果雙方同時都認罪，檢察官求處兩人3年有期徒刑。如果雙方都不認罪，由於罪證不足，非法持有槍械檢察官只能求處1年有期徒刑。雙方的報酬矩陣表，如表2.1。

▶ 表 2.1 搶劫犯的困境

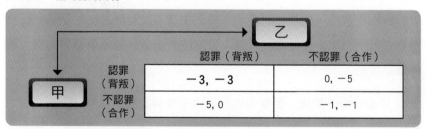

第一個嫌疑犯（甲）詢問完後離開偵詢室，第二嫌疑犯（乙）進入偵詢室，檢察官同樣地提出「認罪協商」。當兩人都聽到這條件時，就會陷入一個「是否要認罪的困境」？他們會思考著「認罪」是否符合自身最大利益？如果自己不認罪，對方會不會認罪（當污點證人）？到底要共同合作抵死不承認，還是背叛對方認罪？在表2.1中，可以用「劣

勢消去法」，找出「囚犯困境」的雙方均衡解。步驟如下：

第1：給定乙方始終採用認罪，甲方選擇認罪的利潤－3，選擇不認罪
－5，因為－3大於－5，所以甲方採用認罪。

第2：給定乙方始終採用不認罪，甲方選擇認罪的利潤0，選擇不認罪
－1，因為0大於－1，所以甲方採用認罪。

第3：給定甲方始終採用認罪，乙方選擇認罪的利潤－3，選擇不認罪
－5，因為－3大於－5，所以乙方採用認罪。

第4：給定甲方始終採用不認罪，乙方選擇認罪的利潤 0，選擇不認
罪－1，因為0大於－1，所以乙方採用認罪。

　　劣勢消去法：「給定（固定）其它參賽者的策略，從其中一個參賽
者的策略集合中，剔除報酬差的，找出參賽者間報酬最高的策略，任一
參賽者無誘因單方面偏離此均衡，這個均衡穩定狀態為參賽者最適反應
的策略組合。」

　　經由均衡分析後，參賽者的最後決策便構成賽局的解 （solution of
a game）。由以上可知，不管對方怎麼選擇（認罪或不認罪），雙方選
擇認罪為最佳策略。這策略為優勢策略（Dominant strategy），也就是
無論其他對手怎樣選擇，參賽者的這個策略所帶來的利益，都比任何其
他策略為高。如果每個參賽者都選擇其優勢策略，則這個策略組合（認
罪，認罪）稱為「優勢策略均衡」，它就是賽局的解。雖然從整體來
看，雙方「不認罪」的策略是最佳的（－1，－1），但是由於陷入困境

中，雙方彼此不信任，因此走向「認罪」之路，也就是雙方都「不合作」。

雙方都不認罪的結果也有可能，兩人的合作是否會瓦解？要取決於他們之間的交情或者承諾可不可信，如果兩人是親兄弟，且感情很好，可能兩人都希望自己不認罪，對方認罪也無所謂，兩人就不會陷入這困境，最終會走向雙方都不認罪，這也是一個合作的結果。也就是他們會考量之間交情與合作的利益，是否會大於當污點證人的利益？相反地，也可以說，他們之間交情與合作的損失，是否會小於當污點證人的損失？以表2.1來看，雙方認罪，最差情況坐3年牢，如果他們是感情好的兄弟檔，當污點證人的損失大於「坐3年牢」的情況，「囚犯困境」就對他們無用，彼此就不會認罪。

2.2 污點證人賽局

某一國的總理貪污，將國家的錢占為己有，他的秘書將這些貪污所得來的錢（約7億）匯入國外銀行，在總理卸任三個月前（還未卸任），該國的檢調單位接獲民眾的檢舉，於是秘密展開調查。檢察官同樣利用「認罪協商」的方法，讓總理的秘書陷入類似「囚犯困境」的賽局。希望秘書能認罪並作證總理的貪污罪行，但是總理還握有實權，掌控某些行政資源，可能會對秘書的作證施予報復。如果總理不認罪，她同意「認罪協商」會遭受到極大的損失（-6），這損失遠大於不認罪的損失（-1），也就是與總理合作的報酬比背叛的報酬還大（如附表2.2）。因此秘書會選擇和總理合作，而不願當污點證人作證總理的罪行，「囚犯困境」對她無效。

▶ 表 2.2　無「囚犯困境」的認罪賽局

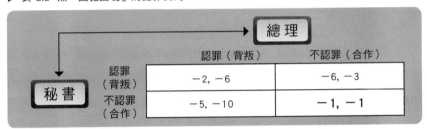

		認罪（背叛）	不認罪（合作）
秘書	認罪（背叛）	−2, −6	−6, −3
	不認罪（合作）	−5, −10	−1, −1

　　如果總理卸任，由反對黨擔任新的總理，舊總理的勢力消失，對秘書的作證予以報復的可能性變小，這時檢察官再利用「認罪協商」，讓秘書陷入「囚犯困境」，她認罪並作證總理的貪污罪行可能性就大增，因為當污點證人的報酬（0）會比和貪污總理合作——不認罪（−1）的報酬還高，這時「囚犯困境」就起了作用。（如附表2.3）

▶ 表 2.3　有「囚犯困境」的認罪賽局

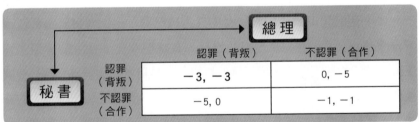

		認罪（背叛）	不認罪（合作）
秘書	認罪（背叛）	−3, −3	0, −5
	不認罪（合作）	−5, 0	−1, −1

　　兩人間合作的承諾很大時，面對「囚犯困境」時就不容易背叛，古代的盜墓者，通常都是家族事業，假如A、B兩人共同去挖寶藏，A先下去查看是否有寶藏？如果發現有大批黃金及寶物，就立刻通知上面的B將運送器具降下來。如果A、B兩人的合作承諾不夠時，當B確定下面有寶物時，A會發現B不是將器具送下來，而是丟下一堆的砂土，A可能

會被B活埋，等A死了，B再下去將下面的寶藏獨吞。如果A、B的關係是父子或夫妻，他們之間的關係匪淺，合作的報酬大於背叛的報酬，他們背叛對方的機率就比較小，合作的機率大。如果是經歷好幾次的「囚犯困境」，會有好幾次去決定要背叛或合作時，第一次我合作但對方背叛時，下一次(期)我應該合作嗎？還是背叛他？他一直背叛我，我還要合作嗎？我短期的決策是如何？長期的決策是如何？這種多階段的賽局分析會在第四章介紹。

2.3 純粹策略納許均衡（Pure Strategy Nash Equilibrium）

一個同時出手的賽局中，當確定「參賽者的數目」、「參賽者各自可選擇的全部策略」、「參賽者所有可能出現的互動策略組合」、以及「各參賽者在每個策略組合的得失報酬」時，可以經由比較雙方的利弊（報酬）得失以及偏好，找到雙方的最適反應，最後參賽者所採用的「最適反應策略」就是這賽局的解。這個解就是找出來這個賽局雙方因互動而達到的平衡點，它是參賽者因考量彼此間互動策略的報酬後，會到達一個策略平衡點，參賽者都不會去偏離這個互動策略組合，這組策略就叫「納許均衡」（Nash Equilibrium）。

納許均衡的定義：任一參賽者無誘因單方面偏離此均衡，這個均衡點為參賽者最適反應的策略組合。

策略形式的賽局集合中｛策略集合，報酬集合｝＝｛S_1, S_2, $\cdots$, S_n, π_1, π_2, $\cdots$, π_n｝，如果對每一個參賽者 i，滿足下列條件：

$$\pi_i\left(S^*_i, \cdots S^*_i{-}1, S^*_i, \cdots, S^*_n\right) \geq \pi_i\left(S^*_i, \cdots S^*_i{+}1, S_i, \cdots, S^*_n\right)$$

給定所有的策略集合 $S_i \in S_i$ S^*_i 為比較其它策略後選擇其報酬最大的策略。

Maximize $\pi^*_i\left(S^*_1, \cdots S^*_i{+}1, S^*_i, \cdots, S^*_n\right)$

而得到所有參賽者的最佳策略組合 $\left(S^*_1, \cdots, S^*_n\right)$ 為納許均衡策略。

納許均衡有純粹策略納許均衡（Pure Strategy N.E.）及混合策略納許均衡（Mixed Strategy N.E）。混合策略納許均衡在第三章會詳細說明。純粹策略是指參賽者的行動或策略不是隨機的方式，而是一出手時，百分之百的確定是採用那一個策略或行動。以同類型的「囚犯困境」賽局（如表2.4），雙方的策略不是「認罪」就是「不認罪」兩種選擇，經過雙方互相思考後，發現納許均衡解為（認罪，認罪），雙方都「認罪」。如圖2.1中，玩家1拉向自己最大報酬的選擇──（認罪，不認罪）報酬為（5，0），玩家2也同樣拉向自己最大報酬的選擇──（不認罪，認罪）報酬為（0，5）。由於雙方都選擇最佳的報酬，所以在圖2.1中可以看到，不平衡的兩力互相拉扯（玩家1是實線，玩家2是虛線），最終會走入一個平衡的選擇（黑粗線），這就是雙方經互動後會達到一個雙方都不會偏離的選擇，報酬為（2，2），而不會選擇──（不認罪，不認罪），報酬為（4，4），如圖2.1中虛線。

▶ 表 2.4 「囚犯困境」賽局

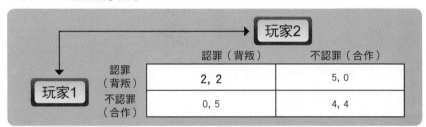

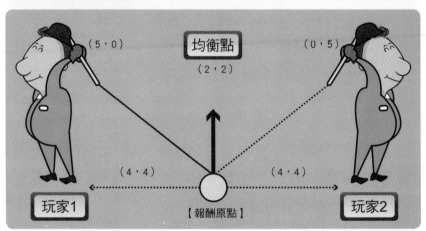

▶ 圖 2.1 雙方利益平衡圖

2.4 產品定價賽局

　　你在某大學邊的夜市想要開一間珍珠奶茶店，發現有一家珍珠奶茶店叫國王太太，它已佔有大部份的市場，剛進入市場的你有兩個策略，就是以原價或低價來分食國王太太的利潤。國王太太面對你的競爭，同樣以兩個策略，原價或低價來因應你的進入。雙方報酬組合形成的報酬矩陣如表2.5，你會發現雙方都採原價得到的報酬都是最高的10。但是

如果有一方採原價，而另一方採低價時，採低價的一方會獲得暴利18，
而採原價的一方利潤下降到3。這情境和「囚犯困境」的賽局一樣，雙
方會因為考量失去許多利潤，都選擇低價，因此這賽局的純粹納許均衡
為（低價，低價），如表2.5粗字部份。

▶ 表 2.5 珍珠奶茶店定價賽局

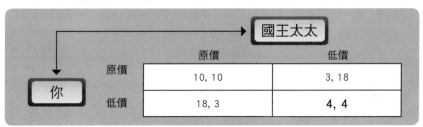

初期你進入市場和國王太太競爭時，這賽局的解為雙方都採用低
價，形成一個削價競爭的情況，獲利最大的是消費者。但是看到的實際
情況好像不是這樣，國王太太好像不怕你採低價的策略，你採低價，她
還是採用原價來對付你，你發現剛開始她的部份顧客會被你拉去，但過
了半個月，她的顧客又回到她的懷抱，你就被淘汰了。

我們來分析為什麼會變成這樣？首先，國王太太有品牌優勢，就是
所謂的「口碑」，這個會讓她產生「忠實顧客」，這些顧客不易被你拉
走，而且你剛進入這市場，沒有「口碑」，這一點你必須要考慮進去。
再來，你的產品有沒有特色，有沒有特別的優勢可以勝過國王太太的產
品？做的飲料、果汁有比她好喝嗎？如果你沒有，國王太太就只要維持
原價，就可以把你逼退，讓你血本無歸。

　　再來看另一個賽局，進入市場者變為橘子坊，橘子坊同樣具有品牌優勢，而且她以相同價格的純果汁為主打產品，很快地就和國王太太分割這飲料市場的利潤。為什麼？我們將這個賽局變成表2.6的報酬矩陣。假定橘子坊有「平價純果汁」及「特調珍奶」兩個策略，而國王太太也有「原價珍奶」及「低價珍奶」兩個策略來因應橘子坊的競爭。

　　如果橘子坊採「平價純果汁」而國王太太採「原價珍奶」，由於產品差異化，橘子坊可以獲得10的報酬，而國王太太被瓜分掉部份的客源，她得到報酬8。

　　如果橘子坊採「平價純果汁」而國王太太採「低價珍奶」，顧客看到橘子坊對國王太太產生威脅，於是產生西瓜效應，國王太太的顧客，紛紛轉而嘗試橘子坊，於是橘子坊獲利增加為12，而國王太太的報酬降為5。

　　如果橘子坊採「特調珍奶」而國王太太採「原價珍奶」，由於國王太太的金牌產品是珍奶，具有數十年的品牌優勢，橘子坊的「特調珍奶」無法打動忠實顧客的心，於是橘子坊報酬就像其它商家進入市場的競爭一樣血本無歸，報酬為5，而國王太太的報酬因此增加為12。

　　如果橘子坊採「特調珍奶」而國王太太採「低價珍奶」，顧客看到橘子坊對國王太太產生威脅，於是產生西瓜效應，國王太太的顧客，紛紛轉而嘗試橘子坊，但是發現橘子坊的特調珍奶無法擄獲忠實顧客的心，橘子坊會減至最低為4，而國王太太的報酬也僅有8。

▶ 表 2.6　產品差異化競爭的報酬矩陣

		國王太太	
		原價珍奶	低價珍奶
橘子坊	純果汁	**10, 8**	12, 5
	特調珍奶	5, 12	4, 8

　　以上賽局用劣勢消去法，可以找到賽局的純粹策略納許均衡為（平價純果汁，原價珍奶），也就是橘子坊採用平價純果汁的策略，而國王太太採原價珍奶的策略，這樣的結果對雙方的獲利都較好。我們可以看到他們彼此以這組策略達到平衡，這就是為什麼他們可以共存的原因了。

2.5　男女約會賽局──我的野蠻女友

　　男女交往中，有時需要容忍對方，尤其是當兩方意見不合時，如果有一方堅持己見，兩人的共同利益就會消失不見。有時談戀愛會做出一些不可思議或讓人匪夷所思的事，或許有些人會認為戀愛的人是不理性的，但是當我們將戀人所處的情境用賽局的模型來檢視，可以發現雙方都在求自己的報酬最大化，只不過要看你的報酬是什麼？

　　30年前有一大學男同學為了追某一所大學的女學生，女大學生是唸文學系，而男大生唸的是理工系，男大生為了能討好女大生，苦讀四書五經，以便和女大生約會時有話題可談，希望聊天時能出口成章。他勤練毛筆字，每日用毛筆寫信給那位女大生，持續寫了三個月，約會時男大生總是遷就女大生的偏好，例如：男大生喜歡看電影，而女大生喜

歡看鋼琴演奏會，那位男大生會選擇去看鋼琴演奏會，會選擇遷就女大生。有一天他收到女大生寄來的一個包裹，裡面裝滿了一堆他用毛筆字寫的信，有很多都未拆封，也就是女大生連看都沒看，那位男大生心裡非常難過。放假時，騎著摩托車載著那包裹到墾丁小灣的海灘上，面對著茫茫大海哭訴：「自己的真心換來她人的絕情，心裡愈想愈不甘心（他是個樂觀的人，不會想不開），將一封封用毛筆寫給她的信，摺成紙飛機丟向大海。」當他將紙飛機丟到一半時，忽然聽到後方有人吹嗶嗶聲，一個男人（海岸巡防隊員）走向他，向他說：「請勿亂丟垃圾。」那男大生就將所有的紙飛機及信撿回丟到垃圾桶，含著淚水騎著機車回學校。事後我私底下問那位女大生為什麼要離開男大生，她回答：「男大生做什麼事都沒主見。」女大生以這個當作分手的理由。

男大生費盡心思為什麼還是追不到，得不到女大生的芳心？男大生的策略錯了嗎？為什麼？我們將兩人一起去玩的報酬及偏好，建構為一個靜態完全訊息賽局如表2.7：

▶ 表 2.7 男、女大學生約會賽局

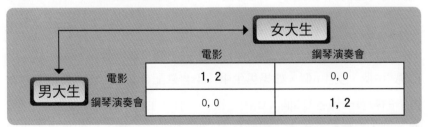

		女大生	
		電影	鋼琴演奏會
男大生	電影	1, 2	0, 0
	鋼琴演奏會	0, 0	1, 2

設定初期男女雙方約會的目的：「希望和對方在一起。」男大生因為喜歡看電影所以看電影的報酬最大，而女大生喜歡看鋼琴演奏會，

所以看鋼琴演奏會的報酬最大，如果各自做自己的偏好，例如：男大生看電影，女大生看演奏會，雙方的報酬互為零。同樣地，男大生看演奏會，女大生看電影，雙方的報酬也一樣為零。但是如果一方遷就另一方，例如：男大生看電影，女大生也看電影，男大生的報酬為2，女大生至少有和男大生在一起，她得到1報酬；而女大生看演奏會，男大生也看演奏會，女大生的報酬為2，男大生至少有和女大生在一起，他可以得到1的報酬。

有了以上的報酬矩陣表2.7，用劣勢消去法，可以找出兩個均衡組合：（電影，電影）及（鋼琴演奏會，鋼琴演奏會），也就是男大生看電影，女大生也看電影；不然就是女大生去演奏會，男大生也去演奏會。我們可以看到賽局的結果有兩個，不是男方遷就女方，就是女方遷就男方，兩方都能得到一定的報酬，但是如果堅持自己不願和對方妥協（遷就對方），雙方報酬都會為零。也就是如果兩方同時出手，最好是有一方遷就，另一方堅持自己最好的決策，這是雙方最好的結果，如果兩方同時遷就或同時堅持，結果對兩方都不好。

我們用生物演化的概念（生物演化於第八章解說）來分析女大生為什麼會移情別戀。假定在一個群體中男生和女生的數量都是一樣，例如男生6個，女生6個，如果男生中「不喜歡配合女方」和「喜歡配合女方」的數量一樣各有3個（比例一樣）。而女生中「喜歡配合男方」有2個，「不喜歡配合男方」的數量有4個（比例不一樣）。如果男大生與女大生經過多次配對後，根據生物演化穩定策略（evolutionary－stable strategy），男生採用策略的比例不變，女生「不喜歡配合男方」佔多數的族群，多數族群的女生不容易和男生配對（配對的機率較低），也就是女生「喜歡配合男方」的族群，很容易就獲得大部份男方的芳心；而「不喜歡配合男方」的女生族群，看到如此的情況，部份「不喜歡配合男方」的女生族群就會轉而變成「喜歡配合男方」的族群，於是「不喜歡配合男方」的族群漸漸減少，會下降到一個平衡比例，因此女大生變成「喜歡配合男方」的比例會漸漸增加。如果女大生變成「喜歡配合男方」的女生可能性增加時，根據納許均衡，她會喜歡和「不喜歡配合女方」的男生配對，所以這位男大生因偏好「喜歡配合女方」，女大生會選擇離開他。

女大生選擇離開男大生的原因是女方覺得男方沒主見，總順從她，她認為他應該拿出魄力。根據男女約會賽局的分析得到一個啟示：男女之間交往要互相尊重，偶爾要遷就對方，但不能一直順從對方，如果看到群體採用策略的比例在改變時，你的「好意順從」可能無法讓對方得到最大的報酬，反而會造成她（他）的負擔。

2.6 勵志賽局

洗髮精的廣告描述一個從小聾啞的女孩學習小提琴的故事，她在街頭看到一個流浪藝人拉小提琴，於是讓她興起學小提琴的興趣，但是身體正常的姐姐不鼓勵她卻不斷地阻撓她。當她追求夢想遭受到挫折，心生畏懼不知應該繼續學習或放棄時，她問那個流浪藝人：「為什麼我和其它人不一樣」，藝人回說：「妳為什麼要和別人一樣，音樂，當你閉

上眼睛，就能看見。」

　　姐妹兩人一同參加音樂大賽，姐姐由於害怕與嫉妒，在賽前找人摔壞妹妹（聾啞女孩）的小提琴並打傷流浪藝人。她姐姐以為陰謀得逞，但是妹妹克服挫折，積極努力練習，在比賽的舞台上演奏「卡農樂曲」，感動在場的每一個人，成績也贏過姐姐。

　　首先把全片的情境對應為一個勵志賽局，聾啞的女孩與姐姐的策略組合與報酬假定為以下的報酬矩陣如表2.8：

▶ 表 2.8　勵志賽局

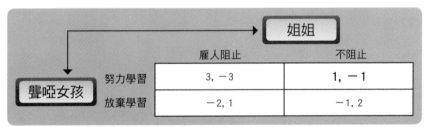

		姐姐	
		雇人阻止	不阻止
聾啞女孩	努力學習	3, −3	1, −1
	放棄學習	−2, 1	−1, 2

　　如果姐姐知道用阻撓的手段只會讓妹妹愈挫愈勇，她就不應該採取「雇人阻止」的手段，如果姐姐採取「雇人阻止」的手段，妹妹選擇「努力學習」的策略會得到最高的報酬+3，而選擇「放棄學習」策略會得到負的報酬−2，所以妹妹會選擇「努力學習」。如果姐姐採取「不阻止」的策略，妹妹採取「努力學習」會得到報酬+1，而選擇「放棄學習」策略會得到負的報酬−1，所以妹妹還是會選擇「努力學習」的策略。

　　如果妹妹選擇「努力學習」，姐姐選擇「雇人阻止」手段會得到負的報酬−3，姐姐選擇「不阻止」手段會得到負的報酬−1，所以姐姐

會選擇「不阻止」的策略；如果妹妹選擇「放棄學習」策略，姐姐選擇「雇人阻止」策略會得到正的報酬+1，姐姐選擇「不阻止」策略會得到正的報酬+2，所以姐姐還是會選擇「不阻止」的策略。所以這賽局的純粹納許均衡為（努力學習，不阻止），聾啞女孩選擇「努力學習」，而姐姐選擇「不阻止」的策略。

有了以上的分析後，可以瞭解到，當一個人在困境中仍然能保持積極樂觀的人，才是最佳的選擇。反觀姐姐的策略，當你看到能力比你弱的人與你競爭時，不能使用不當的手段逼退她，應該給予鼓勵，並把眼光放遠，找比你強的人來競爭，或許你會得到較多的報酬。

2.7 把妹賽局

選舞伴的時候，俊男不一定配美女。在《美麗境界》的影片中，約翰‧納許和幾個男同學在酒吧喝酒聊天，有五位女生走進酒吧裡，這群男生張大眼睛，看到其中有一位最漂亮的金髮美女，而其他的黑髮女生，長相普通。這些男同學異口同聲的說：依據經濟學之父亞當‧史密斯的論述：「在競爭的情況下，個人會尋求自己利益最大化。」這群男同學只會追求最美麗的金髮美女嗎？

納許持不同的看法，如果考量其它的人的選擇，以及男生自身的條件時，他認為大家應該共同合作，最後結果：大家會避免都選擇最美麗的金髮美女，以防得不到金髮美女而得罪黑髮美女，雙方的報酬降為零。最後大家還是都選擇搭訕（黑髮）次優美女。如果將這情境簡化成兩人非合作賽局，只有帥哥和酷弟兩人參與這賽局，報酬矩陣如表2.9。

▶ 表 2.9　把妹賽局

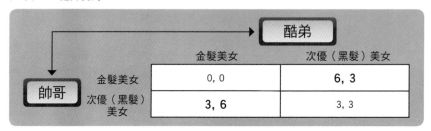

　　這賽局有二個純粹策略均衡（金髮美女，黑髮美女）、（黑髮美女，金髮美女）及一個混合策略均衡（於下章解說）。

　　這賽局的純粹策略均衡為：帥哥選擇金髮美女，酷弟選擇黑髮美女，以及酷弟選擇金髮美女，帥哥選擇黑髮美女。但是帥哥認為雙方都選擇黑髮美女，以防都選金髮美女，雙雙落空報酬都為零。「所有人皆選擇次優（黑髮）」這個策略並不是「納許均衡」。但是「選擇次優美女」是最保險的策略，不管對手怎麼選，至少可以得到報酬3。如果其中一人可以確定其餘四人都不會追求那位金髮美女時，他就必定轉去追求金髮美女。

　　以上是以男生的觀點來看，現在以金髮美女的觀點來看這個賽局，如果她發現第一次進入酒吧時，男生都不願意向她搭訕，或者向她搭訕的男生長的不怎麼樣（也許是個次優美男子），她會把自己的標準降低，也會採取「先求有，再求好」的策略，可能她的報酬不是在男生的長相，而是在他的品德與學識，第二次或第三次以後，或許就可找到她的最大報酬，就會漸漸的找到她心目中的理想伴侶（帥氣又有品德與學

識），這種是多次重複賽局。所以賽局初期「俊男不一定配美女」的原因在這裡。

2.8 膽小鬼（弱雞）賽局（Chicken Game）

在《全民公敵》影片中，某一家大型公司的許多員工希望公司加薪，公司想藉由黑道勢力解決，恐嚇受壓榨的員工不准上街抗議，於是工會請了一位律師（威爾史密斯飾）幫這些員工打官司，威爾史密斯手中握有黑道與公司重要人員晤談的影帶，因此遭到黑道追殺。威爾史密斯的大學同學平時喜歡在河邊放定點攝影機，紀錄河邊生態。有一天剛好紀錄到調查局長（FBI）謀殺參議員的過程，當這位同學的錄影帶被FBI局長發現後，怕被FBI局長滅口，陰錯陽差的將錄影證據交給威爾史密斯。

由於威爾史密斯同時遭到兩方人馬追殺（FBI和黑幫老大），於是想到一個「借刀殺人」的方法，他將黑幫老大與中情局長進入一個「弱雞賽局」，他打電話約FBI局長到黑道頭子開的餐廳會面，同時和兩人說：「見面時會交給雙方錄影帶」。在餐廳談判時，由於剛好雙方都很強勢的要索取錄影帶，誰也不願退讓，於是雙方進入一個「弱雞賽局」，假定這賽局矩陣如表2.10：

▶ 表 2.10 弱雞賽局

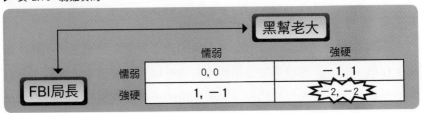

　　這賽局的均衡分析和約會賽局的結果一樣，均衡有兩個，也就是其中有一個人強硬，另一個人就要選擇懦弱。影片中可以看到，當雙方人馬都將槍對準對方時，劍拔弩張情勢危急，槍戰一觸即發，FBI局長叫黑道老大把錄影帶交出來，黑幫老大口氣強硬的說他已經買下錄影帶，FBI局長說他何時可以要回錄影帶？黑幫老大說等到世界末日時，局長叫FBI人員把槍放下並退出餐廳。FBI局長思考如果火併，自己得不到好處，會造成FBI人員大量傷亡，於是準備退出餐廳，但為了電影的戲劇效果，特別安排有人按捺不住開火，結果導致兩敗俱傷。

　　這是一個弱雞賽局，就好像有兩個人加速對向騎機車，騎車對衝比賽看誰較勇敢，當兩人加速到快撞擊時，懦弱的人會轉向，勇敢的人會直衝，當兩人快到撞擊點時，有一人會轉向，另一個會直衝，但是如果兩人都這樣想時，雙方都不轉向的情況發生時，兩人對撞雙方會得到最低的報酬－２。

　　在人生的經驗中，有時候會遇到忌妒你，而想害你的人，他設一個「膽小鬼賽局」給你和其它人，讓你們跳進去，如果你們沒有妥善的處理，很可能會落入兩敗俱傷的結果，通常理性的人大部份都會選擇退讓，因為誰也不願意走到最差而且雙輸的結果。

2.9 **隱性協調**（Tacit Coordination）

　　第二次世界大戰時，美軍101空降師要空降士兵到德軍佔領區（法國）作戰，有一架運輸機被德軍的高射炮擊傷，機長下令全機的士官兵立即跳傘。由於在匆促的情況下，大部份的士官兵都跳到未知的降落地

點（如圖2.2）。他們手上只有一幅地圖，空降兵落到敵境時，必須立刻找到同伴集結部隊，進而建立防線。所以大家會儘快地的找到同伴，否則很容易被德軍槍殺。在圖中有三個地點可以集結，第一是空曠的平原（在地圖中的X），第二是道路和河流的中間區域（在圖中的Y），第三是橋樑與道路的交叉口（在圖中的Z）。由於大家都有共同知識，會想對方：「大部份人都會想到的地點」，而大部份的人都會想最容易找到同伴的地點，這地點為Z，所以大部份人都會去Z集合。

▶ 圖 2.2 空降地圖

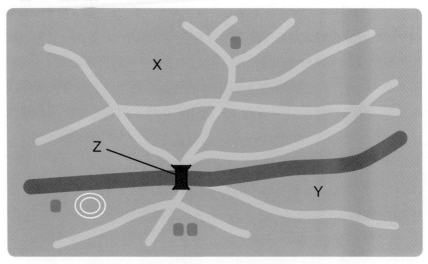

　　以上的問題簡化為兩個空降兵，他們彼此無法與對方聯絡，雙方儘快找到對方才能獲救，否則會被德軍槍殺。將他們的互動行為模式化在一個非合作賽局中，建構的矩陣報酬如表2.11：

▶ 表 2.11　傘兵賽局

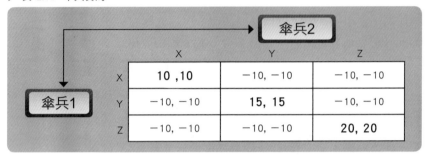

用劣勢削消去可以分析出納許均衡有三組：（X, X）（Y, Y）（Z, Z），根據薛林在《衝突的策略》書中記載，8個人有7個人會在Z區集結。由於大家會想大家是這樣想的，所以大部份的人會走向一個報酬較大的地點集結。這概念印證Myerson在1978年提出的合適均衡（proper equilibrium），合適均衡是剔除了報酬較低的納許均衡組合，例如在傘兵賽局中，將（X, X）（Y, Y）這兩組剔除，因為這兩組的報酬為（X, X）=（10, 10）及（Y, Y）=（15, 15），對於第三組（Z, Z）=（20, 20）的報酬來說第一、二組的報酬是較低，也就是採（X, X）（Y, Y）的策略是較弱勢的，由於（Z, Z）這組的報酬最高，所以它是雙方的合適均衡（proper equilibrium），這概念由Myerson於1978年提出，它可說是納許均衡的精進（refinement）。

2.10　美日空襲戰賽局

二次世界大戰時，美、日兩國在南太洋戰爭打的如火如荼，1943年2月28日，日本艦隊奉命從新不列顛島的拉布爾（Rabaul）運送軍隊6900人到新幾內亞的萊城（Lae）參加戰鬥（如圖2.3）。日本海軍有

兩條路線可以選擇，一條是北線，另一條是南線。由於熱帶颶風剛過，北線是下雨天，而南線是晴天，日本艦隊不管走那條路線，航程都是三天，雙方考量的狀況如下：

路線：北線及南線

航程：走北線或走南線都是三天（航程圖如圖2.3）

狀況：北線雨天視線不良，有利於日本艦隊運送，南線晴天有利於美國空軍轟炸。

報酬偏好：美國空軍希望能抓到日本海軍走的路線，轟炸愈多天愈好；而日本海軍希望能避開美國空軍的轟炸，被美軍炸愈少天愈好。

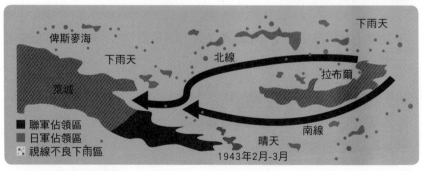

▶ 圖 2.3　俾斯麥空襲戰

　　美國空軍知道日本艦隊即將行動，想要派轟炸機轟炸日本艦隊，但是他們不知道日本艦隊走哪條路線？他們要選擇其中一條路線（北線或南線）來進行轟炸任務。如果日本艦隊的路線剛好是美國轟炸機轟炸的

路線，則美國空軍可以完整的轟炸三天，如果不是，等繞回另外一條路
線時，則美國失去一天攻擊的時間，轟炸戰果減少一天。另外下雨天的
北線也會因為視線不良，使其轟炸機相當損失一天轟炸的戰果。有了以
上天氣狀況及選擇的條件後，如果你是美國空軍指揮官（Kenney）會選
擇轟炸那條路線？如果你是日本艦隊指揮官（Imamura）會選擇航行那
條路線以減少航隊被轟炸的損失？

▶ 表 2.12　美日空襲戰報酬矩陣表

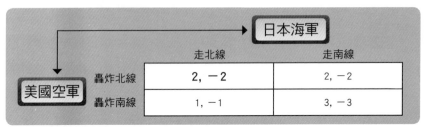

將雙方的策略組合及報酬建構報酬矩陣如表2.12。有四種可能的情
況如下：

1. 如果美國空軍選定轟炸北線，而日本艦隊也走北線，因為北線雨天轟
   炸效果損失一天，美國空軍只有轟炸兩天的戰果（+2），相對日本海
   軍被轟炸兩天的損失（-2）。

2. 如果美國空軍選定轟炸北線，而日本艦隊走南線，繞完北線發現選錯
   路線轉而轟炸南線，則美國失去一天攻擊的戰果，加上南線天氣晴
   朗，不影響轟炸戰果，美國空軍有轟炸兩天的戰果（＋2），相對日
   本海軍被轟炸兩天的損失（－2）。

3.如果美國空軍選定轟炸南線，而日本艦隊走北線，美國空軍繞完南線發現選錯路線轉而轟炸北線，則美國空軍失去一天攻擊的戰果。因為北線雨天，視線不良又損失一天，美國最後只剩下轟炸一天的戰果（＋1），相對日本海軍只有一天被轟炸的損失（－1）。

4.如果美國空軍選定轟炸南線，而日本艦隊走南線，而且天氣晴朗，可以完完整整的炸三天（＋3），相對日本海軍被轟炸三天的損失（－3）。

　　用劣勢消去法分析出納許均衡為：美國空軍選定轟炸北線，而日本海軍同樣也選擇航行北線。翻開二戰的歷史來看，日本海軍指揮官木村昌福少將（Imamura）面對美軍的優勢空權，最後選擇最少損失的北線來運輸船隊。美國空軍指揮官喬治‧肯尼（Kenney）知道日軍一定會選擇北線，雖然選擇南線可能會獲得最大轟炸戰果（三天），但最終還是選擇北線，結果日軍運輸艦8艘，驅逐艦4艘被擊沉，士兵3千多名落海失蹤或被炸死，損失物資達2千多噸。

　　從歷史當中，感覺日軍的損失非常的大，但是看圖2.4這場戰役的海戰圖，日軍第一艘的運輸艦在第二天才被擊沉來看，如果日軍走南線，美軍選擇轟炸南線，他的損失可能會更大，第一艘的運輸艦被擊

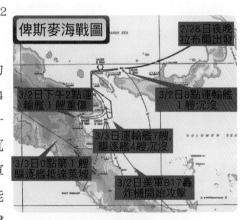

▶ 圖 2.4　美日空襲戰實況圖

沉的時間可能在第一天，接著被美軍轟炸的時間會更久達三天，日艦隊可能全軍覆沒。日軍選擇北線後，保存了驅逐艦4艘及人員損失，達到「少輸為贏」的目標。當我們在做決策時，必須考慮自己的最大利益在那裡，如果無法避免大量的損失，就應該想辦法來減少損失。從這海戰中，日軍的指揮官木村少將應該盡了最大的努力，可以算是賽局高手。

2.11 平板電腦大戰

　　「蘋果iPad造成轟動，讓大家開始關注各PC廠商的態度。繼惠普與戴爾公司發表平板電腦後，本土廠商宏碁終於也有動作了。」這是2011年蘋果新推出iPad2造成市場的熱烈搶購後，網路立即發出的一則新聞。為什麼其它PC廠商要等蘋果推出新的產品，才陸續推出同類型產品搶食平板電腦市場的大餅？

　　這種情況類似「小豬勝大豬」賽局，有兩隻豬，一個大豬另一個小豬都非常懶，於是主人製作一個食物供給器在小山丘上，只要有豬爬上山丘按下按鈕，5單位的食物就會滾下來給兩隻豬吃，大豬與小豬的食量比為4:1，大豬爬上山丘的消耗能量為2單位的食物量，而小豬消耗量為1單位。雙方的賽局報酬矩陣如表2.13，四種可能的情況如下：

1. **小豬上小丘壓按鈕**：大豬食量大吃掉所有食物（＋5），小豬回來勞累又沒有食物吃(－1)。

2. **大豬上小丘壓按鈕**：小豬食量小，最多只能吃2單位（＋2），大豬回來勞累消耗能量(－2)，回來只能吃剩下食物（＋3），所以大豬的報酬為－2＋3＝1。

3. 大豬小豬一起上小丘壓按鈕：小豬食量小，大豬食量大，食量比為 4:1，兩豬下山後，大豬吃4單位，消耗能量2單位（－2），總報酬為 2；而小豬吃1單位，消耗能量1單位（－1），總報酬為0。

4. 如果大豬小豬都懶惰不上小丘壓按鈕，雙方的報酬都為0。

▶ 表 2.13　小豬勝大豬賽局

		大豬	
		壓按鈕	等待吃
小豬	壓按鈕	0, 2	－1, 4
	等待吃	**2, 1**	0, 0

　　這賽局的納許均衡為（等待吃，壓按鈕）＝（2，1），也就是雙方的最適策略為：大豬壓按鈕，而小豬等待吃。小豬選擇搭便車的原因如下：

　　不管大豬選擇「壓按鈕」或「等待吃」，小豬選擇「等待吃」的報酬都比「壓按鈕」的報酬還高2＞0及0＞－1。所以小豬的優勢策略（Dominant Strategy）為「等待吃」。如果小豬選擇「壓按鈕」大豬就會選擇「等待吃」，因為報酬4＞2。如果小豬選擇「等待吃」大豬就會選擇「壓按鈕」，因為報酬1＞0。由於小豬一定會選擇「等待吃」，大豬只有選擇「壓按鈕」。

　　回到平板電腦的競爭，APPLE先推出新產品，其它PC廠會搭順風車，等待產品在市場上掀起風潮後，推出類似產品以低價促銷。這就是

為什麼大廠和小廠總是會為侵權而訴訟？而且沒有停止過。

2.12 台灣軍售賽局

假設有一軍售賽局，美國對台軍售F－16戰機，台灣要買等級較高的F－16C/D型，而美國受外力的影響只賣性能較差的F－16A/B型。台灣買A/B要花10億元，買C/D要花12億元，如果雙方沒達成交易，美方損失10億元及12億元，而台灣損失國防戰力20億元。如果美方賣C/D型，台灣買下，美方會受外力的影響損失25億元，合計報酬為12－25＝－13億元，台灣花12億元買戰機，機型性機高，國防戰力提昇獲得報酬5億元，合計報酬為－12＋5=－7億元。如果美方賣A/B型，台灣買下，美方會不受外力的影響，報酬獲得10億元，台灣花10億元買戰機，但機型老舊，國防戰力損失5億元，合計報酬為－10－5=－15億元。雙方的報酬矩陣如表2.14。

▶ 表 2.14　軍售賽局

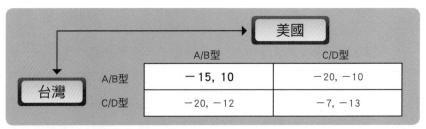

這賽局的純粹納許均衡為（A/B型，A/B型）＝（－15，10）。美方受外力的影響損失25億元是美方不願意賣台灣C/D型戰機的主因，因為損失過大，如果損失小於20億元，合計報酬為10－20＝－10億元，美國賣C/D型的報酬－10大於賣A/B型的報酬－12，所以美方才會賣C/D型

戰機。由於台灣有能力買C/D型的戰機，而美方也可以賣C/D型的戰機，但是礙於外力的阻撓，所以這賽局最終的結果，美方只限於賣台灣A/B型的戰機。

▶ **問題與討論**

1. 飆車族有兩個阿飛（A、B）為了比賽誰的膽子大，於是設計在一條馬路上，兩人駕駛轎車對衝，這條馬路只能讓一台轎車通過，A從馬路的東邊往西邊開，B從馬路的西邊往東邊開，雙方的時速超過100。如果怕死的一方將車偏向，而另一方直衝，偏向的人就是「懦夫」，直衝的人就是「勇者」。如果雙方都直衝，會發生撞車，兩人都會受重傷；但如果雙方都偏向，雙方都不會受傷。阿飛（A、B）雙方的報酬矩陣表如下：

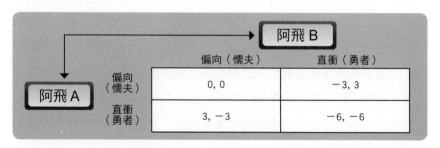

		阿飛 B	
		偏向（懦夫）	直衝（勇者）
阿飛 A	偏向（懦夫）	0, 0	− 3, 3
	直衝（勇者）	3, − 3	− 6, − 6

請用劣勢消去法，找出這賽局的純粹納許均衡？並解釋雙方的最適策略。

2. APOOL首先推出觸控式智慧型手機UPHONE，接著HIC也推出相同功能的手機，APOOL有足夠的財力進行研發。HIC沒有足夠的財力進行研發。他們兩家廠商選擇「進行研發」與「等待研發」的策略互動報酬

矩陣如下表：

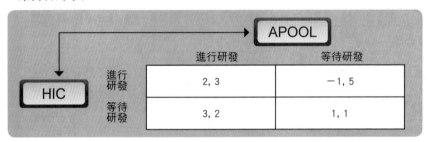

找出這賽局的純粹納許均衡？並解釋為什麼HIC總是跟著APOOL研發的腳步走？

3. 法國哲學家盧梭講過一則故事：「有一群村民去獵鹿，雖然每個人都知道想成功獵到鹿，人人都須堅守崗位，但某個人卻不這麼認為。只要有一隻野兔從他眼前跳過，他一定毫不猶豫地追上去，因此驚動了鹿，讓整群人獵不到鹿，但只要他抓到兔子，他根本不在乎。」我們將問題簡化，假定有兩個村民（A、B）去打獵，他們看到草原上有許多的兔子及梅花鹿，獵到兔子較容易，但要獵到梅花鹿難度較高需要兩人合作，所以雙方合作都可以獵到鹿，如果有一個村民受不了兔子的誘惑，私自去獵兔獲得報酬而驚動鹿群，則另一村民就什麼都獵不到。雙方的報酬矩陣表如下：

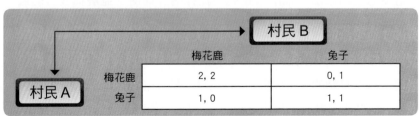

請求出這賽局的純粹納許均衡？並討論盧梭講的故事。

4. 莫日亞蒂（Mariarty）追殺福爾摩斯（Holmes），莫日亞蒂知道福爾摩斯可能會在兩個車站：多佛及坎特堡（Dover, Canterbury）下車，如果莫日亞蒂猜到福爾摩斯下的車站，就可把福爾摩斯解決，如果猜錯就會讓福爾摩斯脫逃，雙方的報酬矩陣表如下：

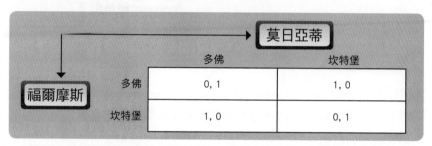

福爾摩斯		莫日亞蒂 多佛	坎特堡
	多佛	0, 1	1, 0
	坎特堡	1, 0	0, 1

請問這賽局的有無純粹納許均衡？福爾摩斯最後會用什麼方式決定在那一站下車？

5. 同上章的問題討論第五題，在以色列古代有一個故事，有一天兩位婦人為爭奪一個嬰孩，鬧到所羅門國王面前。第一位婦人說：「昨晚我和第二個婦人同住一個房間，而且都抱著自己的嬰孩睡覺。在夜裡第二個婦人不小心的把自己的嬰孩給壓死了，趁我睡著時，從我的懷裡把我的嬰孩抱走，並將她死亡的嬰孩放在我的床邊。」第二個婦人反駁第一個婦人的說法，並說：「第一個婦人說謊，活的嬰孩是我的，死的是她的。」所羅門國王根據她們的說詞心裡建構了一個賽局

（報酬矩陣如下表），找出誰是嬰孩真的母親，於是叫警衛拿刀來，
並說：「將這活的嬰孩劈成兩半，兩個婦人一人一半」，第二個婦人
立刻說：「請將這嬰孩給第一個婦人吧！」第一個婦人卻說：「一半
就一半吧！我得不到，你也得不到！」他們之間策略的報酬矩陣表如
下：

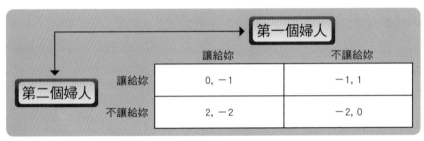

請求出這賽局的純粹納許均衡？請解釋為什麼國王認定第二個婦人就
是活嬰孩的母親？

【第三章】 混合策略的矩陣賽局

有時分析純粹策略賽局時，找不到賽局的納許均衡策略，因此，玩家會以隨機的方式來選取策略，也就是運用混合策略（mixed strategy）找出均衡比例。依據納許定義：「如果一個非合作賽局有混合策略，這賽局就一定有混合策略均衡」，因此，就算找不到賽局的納許均衡策略，仍然可以找到一組雙方互為最適反應的混合策略納許均衡（Mixed Strategy N.E.），這組均衡是以機率或比例的方式表達，它可以作為玩家採取策略的機率值，也是對採取某策略的一種信念（belief）。這一章會介紹混合策略納許均衡的案例及計算方式。

3.1 猜硬幣賽局

小時候最喜歡過年，因為過年期間長輩會發壓歲錢（紅包）給小孩子，小孩子有了錢就會小賭，記得小時候沒有賭具（撲克牌或骰子）時，就會玩起猜硬幣的遊戲，這遊戲規則如下：「我和哥哥手掌裡握有一枚10元硬幣，硬幣有正反面，我們有兩種選擇，不是翻正面就是反面，並且要同時一起將手掌打開來，如果兩人的選擇都一樣，兩個正面或兩個反面，哥哥就把我的10元硬幣拿走；如果兩人選擇的都不一樣，我選正面他選反面或他選正面我選反面，我就把哥哥的10元硬幣拿走。」兩人的策略組合及報酬如表3.1：

▶ 表 3.1　猜硬幣賽局

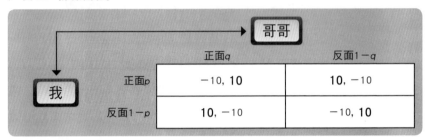

這賽局用劣勢消去法找不到純粹策略的均衡，怎麼辦？我們介紹另一種策略叫混合策略。在猜硬幣賽局中我有時會選擇正面，有時我會選擇反面，用隨機的方法來選擇策略，這種方法叫混合策略。我們用加權平均數的觀念來瞭解混合策略的均衡值。混合策略（Mixed strategy）是賽局中玩家策略選擇的一種方式，它用機率分配來表示，也就是我選擇正面與反面的方式，是以「機率或比例方式」來選定，例如：40%選擇正面，60%選擇反面，當我想要在這猜銅板的賽局中獲勝，我選擇正面與反面的比例會達到我最大的報酬，而對方也會一樣，當雙方都考量對方會這樣想時，就會達到混合策略的均衡值。對方的這個均衡機率值是由我選擇「正面的期望報酬值」和使用「反面的期望報酬值」相等後求得。我的均衡機率值是由對方選擇「正面的期望報酬值」和使用「反面的期望報酬值」相等後求得。

什麼是期望報酬？

當我們判斷這個策略的好壞是取決於這個策略對自已的期望報酬（expectative payoff）。期望報酬是由「策略發生機率」乘上「策略產

生的獲利值」。以媽媽借錢給弟弟為例，弟弟每次向媽媽借錢只借2千和6千兩種，平均兩者發生機率各為0.5，弟弟借2千會還3千，媽媽獲利1千；借6千會還4千，媽媽獲利為負2千，所以每次媽媽借錢給弟弟，加權平均後的期望報酬為1000×（0.5）＋（－2000）×（0.5）＝－500元，只要是媽媽借錢給弟弟時，不管2千還是6千，媽媽根據以往多次的經驗，她每次借錢給弟的期望報酬是虧500元。

一般期望報酬定義：有n個事件發生的報酬（π_1，π_2，π_3，……，π_n）乘上所有發生事件的機率（p_1，p_2，p_3，……，p_n）的總和。

$$\pi_1 \times p_3 + \pi_2 \times p_2 + \pi_3 \times p_3 + \cdots + \pi_n \times p_n = \sum_{i=1}^{n} = \pi_i \times p_i$$

混合策略賽局的期望報酬定義：「某玩家和其它玩家互動策略的報酬」乘上「其它玩家與某玩家互動策略所發生的機率」，詳述部份請參考3.11節。

猜硬幣賽局裡，用p代表我選擇正面的混合策略均衡機率；而$1-p$代表我選擇反面的混合策略均衡機率。哥哥選擇正面的混合策略均衡機率為q；而選擇反面的混合策略均衡機率為$1-q$。首先我選擇正面的期望報酬為$-10q+10(1-q)$，反面的期望報酬為$10q+-10(1-q)$，讓兩者的期望報酬相等，就可以計算出哥哥的q值：

我選擇正面的期望報酬＝我選擇反面的期望報酬

$$-10q+10(1-q)=10q+-10(1-q) \rightarrow q=0.5$$

同樣地，哥哥選擇正面的期望報酬為$10p+(-10)(1-p)$，反

63

面的期望報酬為－10p＋10（1－p）　讓兩者的期望報酬相等，就可以計算出我的p值：

哥哥選擇正面的期望報酬＝哥哥選擇反面的期望報酬

$$10p+（-10）（1-p）=-10p+10（1-p）\rightarrow p=0.5$$

迪克斯等學者稱以上的方法為：「利用對手混合策略的期望報酬相等法」（opponent's indifference property of mixed strategy equilibria）。也就是玩家的混合策略均衡機率值乘上對手純粹策略的報酬值，等於對手選擇策略的期望報酬。由於雙方運用混合策略為達到最適反應，所以每個策略的期望報酬會相等，我們用這方法來求解混合策略均衡機率值。

根據以上解出此賽局的混合策略均衡為 {p*, q*} ＝ { 0.5，0.5 }。這混合策略均衡機率代表著：如果雙方考量對方的策略時，而我會用0.5的機率來選擇正面，用0.5的機率來選擇反面；而我哥同樣會用0.5的機率來選擇正面，用0.5的機率來選擇反面。由於兩人一直想贏對方，雙方採取策略的機率會達到一個穩定狀態，這個穩定狀態是雙方採取正面與反面的機率各為0.5。

3.2　12碼罰球賽局

兩個經濟學家艾格納西歐（Ignacio Palacios－Huerta）和奧斯卡（Oscar Volij）用實驗的方法證明混合策略均衡的機率分佈結果，和實際人們所採用策略的比例相近。他們分析歐洲足球冠軍杯5年以來的12碼罰球共 1,417 次，根據主罰者踢左與踢右的進球率和守門員撲左與撲右的防守率，建構雙方的報酬矩陣如表3.2。

▶ 表 3.2 罰球賽局的報酬矩陣

▶ 表 3.3 罰球賽局的混合策略報酬矩陣

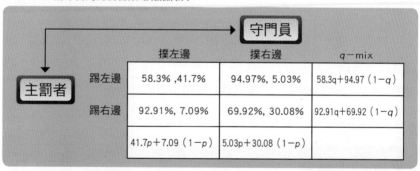

　　同樣用p代表主罰者選擇踢左的混合策略機率；而$1-p$代表主罰者選擇踢右的混合策略機率。守門員選擇撲左的混合策略機率為q；而守門員選擇撲右的混合策略機率為$1-q$，並重新建構表3.3的混合策略報酬矩陣。利用期望報酬相等法，讓主罰者選擇踢左與踢右的期望報酬相等，可以計算q：

$$58.3q + 94.97(1-q) = 92.91q + 69.92(1-q)$$

　　得到$q = 0.4199 = 41.99\%$，也就是守門員撲左的機率為41.99%。

根據納許均衡，如果守門員總共撲了100次，接近有42次是撲左，58次撲右。

將守門員撲左與撲右的期望報酬相等，計算p如下：

$$41.7p + 7.09（1-p）= 5.03p + 30.08（1-p）$$

得到$p = 0.3854 = 38.54\%$，也就是主罰者踢左的機率為38.54%。根據納許均衡，如果主罰者總共踢了100次，接近有39次是踢左，61次踢右。

這兩位學者再計算1,417次罰球實際雙方採用左方與右方的次數，然後計算踢者踢左方與右方的比例，以及守門員撲左方及右方的比例。發現納許的混合策略機率值和實際雙方採用策略的比例接近，如下表3.4：

▶ 表 3.4　罰球賽局混合策略納許均衡機率與實際機率比較

	撲左	撲右	踢左	踢右
混合策略納許均衡預測的機率	41.99	58.01	38.54	61.46
實際的比例	42.31	57.69	39.98	60.02
相差	0.32	0.32	1.44	1.44

罰球賽局的混合策略均衡為 $\{p*, q*\} = \{0.4199, 0.3854\}$，實驗的結果發現職業足球選手採用策略的方式接近一個亂數選擇的情況，這些選手們的競爭相當激烈，混合策略的機率和實際選擇策略的機率就會很相近，這也證明混合策略均衡的計算結果是可信的。這實驗讓我們知道：如果可以知道雙方選手的互動報酬，也就是雙方對應策略的進球

率，而這賽局沒有純粹均衡時，可以用混合策略均衡計算方法，可以預
測雙方採用策略的機率（或百分比）。如果你是貝克漢的教練，當他主
罰12碼球時，你應該建議他「踢左邊的次數比例要比右邊多一點」，
因為根據以往5年選手們的經驗，守門員撲右邊的比例較高。如果你是
義大利守門員布馮的教練，因為踢者踢右邊的比例較高，你應該建議他
「撲右邊的次數比例要比左邊多一點」。

▶ 表 3.5 3×2報酬表

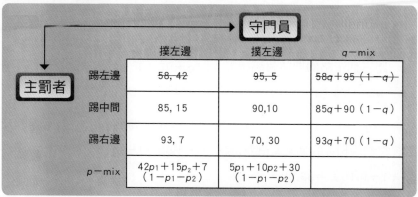

主罰者	守門員 撲左邊	撲左邊	q−mix
踢左邊	~~58, 42~~	~~95, 5~~	~~58q+95（1−q）~~
踢中間	85, 15	90,10	85q+90（1−q）
踢右邊	93, 7	70, 30	93q+70（1−q）
p−mix	42p₁+15p₂+7（1−p₁−p₂）	5p₁+10p₂+30（1−p₁−p₂）	

  如果現在主罰者加一個策略選擇，他有踢中間的選擇，也就是有
踢左、踢右及踢中間三個選擇，而守門員仍然只有撲左與撲右兩個選擇
時，我們可以建構一個3×2的報酬矩陣表（如表3.5）。設定守門員採
用撲左的混合策略機率為q，採撲右的機率為$1-q$，主罰者踢左邊的期
望報酬為$58q+95(1-q)$；踢中間的期望報酬為$85q+90(1-q)$；
踢右邊的期望報酬為$93q+70(1-q)$，三條直線繪製三個混合策略期
望報酬相等的圖（如圖3.1）：

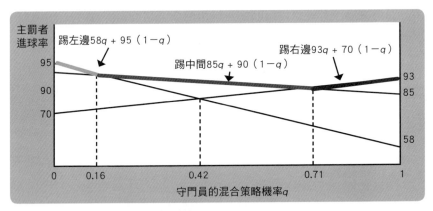

▶ 圖 3.1　三個混合策略期望報酬相等圖

　　將三個策略的期望報酬相等：$58q + 95(1 - q) = 85q + 90(1 - q) = 93q + 70(1 - q)$。

　　$58q + 95(1 - q) = 85q + 90(1 - q)$，得到$q = 0.16$為兩線的交點，它們兩相等的期望報酬為$58 \times 0.16 + 95(1 - 0.16) = 85 \times 0.16 + 90(1 - 0.16) = 89.08$。

　　$85q + 90(1 - q) = 93q + 70(1 - q)$，得到$q = 0.71$為兩線的交點，它們兩相等的期望報酬為$85 \times 0.71 + 90(1 - 0.71) = 93 \times 0.71 + 70(1 - 0.71) = 86.45$。

　　$58q + 95(1 - q) = 93q + 70(1 - q)$，得到$q = 0.42$為兩線的交點，它們兩相等的期望報酬為$58 \times 0.42 + 95(1 - 0.42) = 93 \times 0.42 + 70(1 - 0.42) = 79.2$。

　　由圖3.1可知，三條線沒有同時相交在一個點上，而是兩兩相交，

我們發現如果守門員的混合策略機率值$q < 0.16$（偏向撲右邊），主罰者選擇踢左邊是最適反應，因為主罰者的期望報酬會較大（進球率較高）。在圖中左邊，踢左邊和踢中間的兩條線交點較高部份的粗線，稱為上包絡（upper envelope）。如果守門員的混合策略機率值$q > 0.71$（偏向撲左邊），在圖中右邊，踢右邊和踢中間的兩條線交點較高部份的粗線為上包絡，這是主罰者的最適反應。如果$0.16 > q > 0.71$，在圖中間部份，踢右邊和踢左邊的兩條線交點較高部份的粗線皆小於踢中間部份，所以中間部份為上包絡，主罰者踢中間是最適反應。

在圖中粗線的部份為主罰者的最適反應，相對於是守門員是最差反應，現在這圖3.1中的上包絡由三條粗線段所組成，守門員想要選擇均衡q，使他的防守率愈高愈好，相對於主罰者的報酬愈低愈好，他應該選擇上包絡的最低點，在圖中我們可以目視最低點在右邊的交點，這交點$q = 0.71$，為主罰者踢右邊與踢中間兩者期望報酬線交點，主罰者在這點的報酬比左邊的交點還低$q = 0.1$，因此，我們找出$q = 0.71$為守門員的最適反應，代入得主罰者踢右邊與踢中間邊的期望報酬同為86.45。

▶ 表 3.6　消除踢左邊策略後的報酬表

		守門員		
		撲左邊	撲左邊	$q-\text{mix}$
主罰者	踢左邊	85, 15	90,10	$85q+90(1-q)$
	踢右邊	93, 7	70, 30	$93q+70(1-q)$
	$p-\text{mix}$	$15p+7(1-p)$	$10p+30(1-p)$	

把$q=0.71$代入三條報酬線,踢右邊與踢中間的期望報酬,都比踢左邊的期望報酬還高,所以主罰者不會採用踢左邊的混合策略,在報酬矩陣表中我們可以刪除主罰者在第一列踢左邊的策略,守門員的策略還是保有撲左與撲右兩個選擇,矩陣表就簡化成一個2×2報酬矩陣表(如表3.6)。設定主罰者採用踢中的混合策略機率為p,採踢右邊的機率為$1-p$,守門員撲左與撲右的期望報酬相等$15p+7(1-p)=10p+30$$(1-p)$,就可以解出$p=23/28=0.82$,所以這個賽局的混合策略均衡為$\{p^*, q^*\} = \{0.82, 0.71\}$。

現在將守門員同樣加一個策略選擇,他有撲中間的選擇,也就是有撲左、撲中間及撲右邊三個選擇,而主罰者仍然有踢左、踢右及踢中間三個選擇,我們可以建構一個3×3的報酬矩陣表(如表3.7)。設定守門員採用撲左的混合策略機率為q_1,撲中間機率為q_2,採撲右的機率為$(1-q_1-q_2)$,主罰者踢左邊的期望報酬為$58q_1+90q_2+95(1-q_1-q_2)=-27q_1-5q_2+95$;踢中間的期望報酬為$85q_1+0q_2+85(1-q_1-q_2)=85-85q_2$;踢右邊的期望報酬為$93q_1+90q_2+70(1-q_1-q_2)=23q_1+20q_2+70$,三個混合策略期望報酬如下:

踢左邊的期望報酬:$-27q_1-5q_2+95$

踢中間的期望報酬:$85-85q_2$

踢右邊的期望報酬:$23q_1+20q_2+70$

讓踢左邊與踢右邊期望報酬相等

$$-27\ q_1-5\ q_2+95=23q_1+20\ q_2+70\rightarrow q_2=（4-10\ q_1）/5$$

▶ 表 3.7 3×3的報酬矩陣表

	守門員			
	撲左邊	撲中間	撲右邊	
踢左邊	58% ,42%	90% ,10%	95%, 5%	$58q_1+90\ q_2+95$ $（1-q_1-q_2）$
踢中間	85% ,15%	0% ,100%	85% ,15%	$85q_1+0\ q_2+85$ $（1-q_1-q_2）$
踢右邊	93%, 7%	90% ,10%	70%, 30%	$93q_1+90\ q_2+70$ $（1-q_1-q_2）$
	$42p_1+15p_2+7$ $（1-p_1-p_2）$	$10p_1+100p_2+10$ $（1-p_1-p_2）$	$5p_1+15p_2+30$ $（1-p_1-p_2）$	

（主罰者）

讓踢左邊與踢中間期望報酬相等

$$-27\ q_1\ -5\ q_2+95=85-85q_2$$

將$q_2=（4-10\ q_1）$/5代入上式得

$-27\ q_1-5（4-10\ q_1）$/5$+95=85-85（4-10\ q_1）$/5$\rightarrow q_1=$ 14/153$=0.3930$, $q_2=0.0568$, $（1-q_1-q_2）=0.5502$。

　　設定主罰者採用踢左的混合策略機率為p_1，踢中間機率為p_2，採踢右的機率為$（1-p_1-p_2）$，守門員採撲左的期望報酬為$42p_1+15p_2+7$ $（1-p_1-p_2）$，撲中間的期望報酬為$10p_1+100p_2+10（1-p_1-p_2）$，撲右邊的期望報酬為$5p_1+15p_2+30（1-p_1-p_2）$，三個混合策略期望報酬如下：

踢左邊的期望報酬：$42p_1 + 15p_2 + 7（1 - p_1 - p_2）$

踢中間的期望報酬：$10p_1 + 100p_2 + 10（1 - p_1 - p_2）$

踢右邊的期望報酬：$5p_1 + 15p_2 + 30（1 - p_1 - p_2）$

同樣地，我們上述的方法可以求出$p_1 = 0.3415$，$p_2 = 0.1092$，$（1 - p_1 - p_2）= 0.5493$，所以這賽局的混合策略納許均衡 $\{p^*, q^*\} = \{0.3415, 0.1092, 0.5493; 0.3930, 0.0568, 0.5502\}$。

以上的計算也可以用免費軟體GAMBIT計算出混合策略均衡，這軟體由馬柯里等學者所設計，可以在這網址：http://www.gambit－project.org/doc/index.html免費下載。

3.3　火砲射擊賽局（Shooting Game）

第二次世界大戰末期盟軍（英美聯軍）派出轟炸機 I 及 II對德軍之柏林兵工廠實施轟炸任務，第一架起飛，然後第二架跟著第一架飛往德國。假設兩架轟炸機中只有一架裝載炸彈，另一架護航。德軍之軍事基地以一架戰鬥機迎擊該二架轟炸機。在轟炸機上分別裝有速射砲以抵抗德軍戰鬥機。當戰鬥機只攻擊後面的第二架轟炸機II時，僅會遭遇轟炸機 II 的速射砲反擊。若戰鬥機先攻擊第一架轟炸機I時，會遭遇二架轟炸機（I、II）的反擊，因為攻擊第一架轟炸機後，接著也會遭遇第二架的反擊。（如圖3.2）

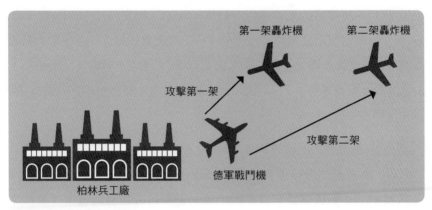

第一架轟炸機　第二架轟炸機

攻擊第一架

攻擊第二架

德軍戰鬥機

柏林兵工廠

▶ 圖 3.2 火砲射擊示意圖

　　戰鬥機有兩個選擇：攻擊第一架轟炸機或直接攻擊第二架轟炸機。如果戰鬥機直接攻擊第二架轟炸機，戰鬥機被擊落的機率為0.3；如果攻擊第一架轟炸機，戰鬥機會遭受二架轟炸機之砲火反擊，戰鬥機被擊落之機率提高為0.7。兩架轟炸機被戰鬥機擊落之機率同為0.6。

　　轟炸機的最大報酬是躲避戰鬥機直接攻擊，能順利到達目標將炮彈投下。而戰鬥機的最大報酬是直接抓到載彈的轟炸機，將它擊落。雙方因此產生以下問題：

1.對盟軍轟炸機而言，炸彈裝在第一架還是第二架轟炸機，較容易躲過戰鬥機而到達目的地實施轟炸任務？

2.對德軍戰鬥機而言，要選擇攻擊第一架還是第二架轟炸機，抓到載炸彈的機率較高？

　　我們先將雙方的互動過程，建構二人的常和賽局（Constant－sum game）。假定盟軍之戰略（或策略）：a_1是在轟炸機 I（第一架）裝載炸彈，a_2是在轟炸機 II（第二架）裝載炸彈 。德軍之戰略（或策略）：b_1是選擇攻擊轟炸機 I，b_2是選擇攻擊轟炸機 II。雙方策略互動有以下4種可能情況：

1. 盟軍在轟炸機I裝載炸彈，德軍攻擊轟炸機I：雙方策略組合為（a_1b_1），轟炸機可達到目標投擲炸彈的機率為轟炸機將戰鬥機擊落機率下（其機率為 0.7）戰鬥機未被擊落轟炸機的機率（其機率為1），加上轟炸機未將戰鬥機擊落機率下（其機率為 0.3）戰鬥機未被擊落轟炸機的機率（其機率為0.4），亦即總機率$M（a_1,b_1）＝0.7×1＋0.3 ×0.4＝0.82$。（如圖3.3）

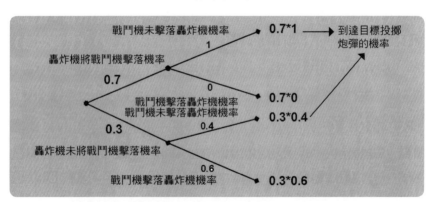

▶ 圖 3.3　a_1b_1策略組合時轟炸機到達目標投擲炮彈的機率

2. 盟軍在轟炸機II裝載炸彈，德軍攻擊轟炸機I：雙方策略組合為（a_2b_1），德軍猜錯目標，讓盟軍轟炸機II順利的將炸彈投擲到目標，

機率為100%。$M(a_2, b_1) = 100\% = 1$。

3. 盟軍在轟炸機I裝載炸彈，德軍攻擊轟炸機II：雙方策略組合為a_1b_2，同樣地德軍猜錯目標，讓盟軍轟炸機 I 順利的將炸彈投擲到目標，機率為100%。$M(a_1, b_2) = 100\% = 1$。

4. 盟軍在轟炸機II裝載炸彈，德軍攻擊轟炸機II：雙方策略組合為a_2b_2，轟炸機可達到目標投擲炸彈的機率為轟炸機將戰鬥機擊落機率下（其機率為0.3）戰鬥機未被擊落轟炸機的機率（其機率為1），加上轟炸機未將戰鬥機擊落機率下（其機率為 0.7）戰鬥機未被擊落轟炸機的機率（其機率為0.4），亦即總機率$M(a_2, b_2) = 0.3 \times 1 + 0.7 \times 0.4 = 0.58$。（如圖3.4）

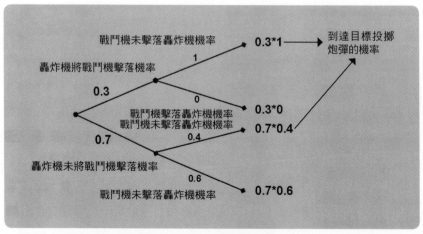

▶ 圖 3.4　a_2b_2策略組合時轟炸機到達目標投擲炮彈的機率

▶ 表 3.8　火砲射擊報酬矩陣

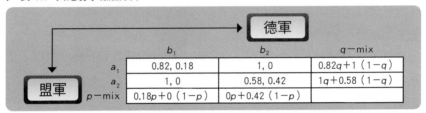

雙方互動的報酬矩陣如表3.8，這賽局沒有純粹策略均衡，設定盟軍選擇a_1的混合策略機率為p，而選擇a_2的混合策略機率為$1-p$。德軍選擇b_1的混合策略機率為q，而選擇b_2的混合策略機率為$1-q$。利用期望報酬相等法，德軍選擇b_1與b_2的期望報酬相等，可以計算p：

$0.18p+0（1-p）=0p+0.42（1-p）$

$\rightarrow 0.18p=0.42-0.42p$

$\rightarrow 0.6p=0.42$

　$p=0.7$

得到$p=0.7=70\%$，盟軍選擇a_1的機率為70%，依據納許均衡定理，如果盟軍兩架轟炸機出了100次轟炸任務，有70次是將炸彈放在第一架，而30次是放在第二架。

同樣地，我們利用期望報酬相等法，盟軍選擇a_1與a_2的期望報酬相等，可以計算q：

$0.82q+1（1-q）=1q+0.58（1-q）$

$$\rightarrow -0.18q + 1 = 0.42q + 0.58$$

$$\rightarrow 0.6q = 0.42$$

$$q = 0.7$$

得到$q = 0.7 = 70\%$，可將$-0.18q + 1$及$0.42q + 0.58$兩線相等畫成圖3.5。依據納許均衡定理，德軍選擇b_1的機率為70%，如果德軍戰鬥機對上盟軍的100次轟炸任務，德軍戰鬥機選擇70次攻擊第一架轟炸機，而30次攻擊第二架轟炸機。

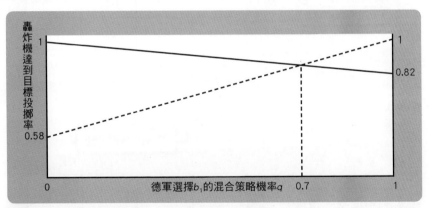

▶ 圖 3.5 投擲率與德軍選擇b_1的混合策略機率q比較圖

3.4 布洛托上校賽局（Colonel Blotto Game）

假定有一戰役，德軍為防守方，而美軍為進攻方。德軍有三個連的兵力防堵美軍進攻的二條路線，防守配置有4種組合：（3,0）、（2,1）、（1,2）、（0,3），例如（1,2）代表第一條路線有一連兵力防守，第二條路線有二連兵力防守。美軍有二連的兵力進攻二條路線，

進攻兵力配置可分成3種組合：（2,0）、（1,1）、（0,2）。當雙方兵力相同時，不分勝負，若一方軍力較強即可獲勝，美軍的目的在攻入城鎮，而德軍的目的在阻止美軍攻入。你是德軍或美軍指揮官那一組分配獲勝較大，3×4報酬矩陣如表3.9：

▶ 表 3.9　布洛托上校賽局3×4報酬矩陣表

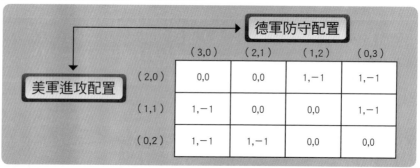

▶ 表 3.10　逐次刪去劣勢策略的矩陣表

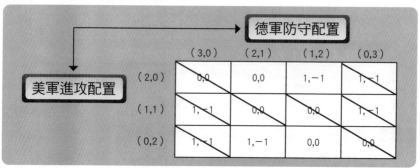

　　此賽局可以用「逐次刪去劣勢策略法」簡化3×4報酬矩陣表。先刪去德軍劣勢策略：德軍配置（2,1）對應到美軍配置的報酬，均大於等於配置（3,0）的報酬，所以可以刪除（3,0）的選擇。同樣地，德軍

配置（1,2）對應到美軍配置的報酬均大於等於配置（0,3）的報酬，所以也可以刪除（0,3）的選擇。只剩3×2報酬矩陣，再比較美軍配置的報酬，美軍配置（2,0）對應到德軍配置的報酬均大於等於配置（1,1）的報酬，所以可以刪除（1,1）的選擇。最後只剩下美軍配置（2,0）和（0,2）的選擇與德軍配置（2,1）和（1,2）的選擇，如表3.10。

　　布洛托賽局沒有純粹策略均衡，可計算混合策略均衡，設定美軍選擇（2,0）的混合策略機率為p，而選擇（0,2）的混合策略機率為$1-p$。德軍選擇（2,1）的混合策略機率為q，而選擇（1,2）的混合策略機率為$1-q$，如表3.11：

▶ 表 3.11　布洛托賽局的混合策略報酬矩陣表

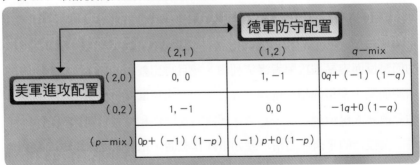

		德軍防守配置		
		(2,1)	(1,2)	$q-$mix
美軍進攻配置	(2,0)	0, 0	1, −1	$0q+(-1)(1-q)$
	(0,2)	1, −1	0, 0	$-1q+0(1-q)$
	($p-$mix)	$0p+(-1)(1-p)$	$(-1)p+0(1-p)$	

　　期望報酬相等法計算p、q：$0p+(-1)\times(1-p)=(-1)p+0(1-p) \to p=1/2$，$0q+(-1)(1-q)=-1q+0(1-q) \to q=1/2$。

　　這賽局的混合策略均衡 $\{p*, q*\} = \{1/2, 1/2 ; 1/2, 1/2\}$

德軍（防守方）軍力只有二連，美軍（進攻方）有三連，防守方考量分散兵力防堵，進攻方就會集中兵力突破，當雙方都考量如何獲勝時，雙方的策略應用比例均為1/2。

3.5　網站攻防賽局

電腦網路交易頻繁而弱點日益浮現，網路攻擊類型漸漸朝向自動化，入侵手法亦趨向複雜化。成功的網路攻擊足以癱瘓線上交易市場，企業於是設置入侵偵測系統來減低攻擊帶來的破壞。現行企業或組織在面臨網路攻擊的威脅下，紛紛建立「安全監控中心」（security operating center）及「區分威脅等級」的警示系統，以提供資訊安全應變機制。

入侵偵測系統管理者經常面臨一個難以決定的問題：在一定的成本下，運用多少的偵測節點可以有效的防護網路安全？配置（曝露）愈多的節點反而容易被攻擊者滲透利用，並且付出較多的成本。大量的配置偵測節點，密集的相互協調，容易讓安全出現漏洞，所以一個強固完善的分散式入侵偵測系統，必須在網路的安全性和配置偵測節點之間，取得一個較佳的平衡。這情形就如軍隊作戰時，指揮官必須配置有生命的（人員）與無生命的（武器、裝備）資源在戰場上，首先考量敵人的位置、兵援、武力及攻擊程序……等等。然後，檢查自己的優勢及弱勢作戰位置，最後根據敵方的最優勢策略作出自己的最佳策略。

我們可以將網路攻擊者與偵測節點間的互動過程對應在一個非零和、雙人與非合作的賽局中，根據雙方提供策略的測量安全因子

（例如：偵測率、誤判率或頻寬消耗率等等），建構雙方的支付函數（payoff function），之後再利用這些函數算出雙方的混合策略均衡點，來分析一個偵測節點的安全風險。

以下舉例分析網路攻防互動情況：

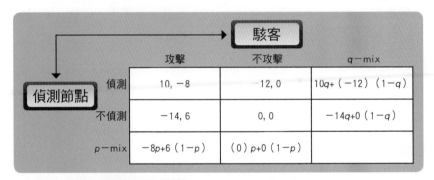

▶ 表 3.12 網站攻防賽局的報酬矩陣表

假定只要有駭客攻擊節點，偵測節點採用偵測的策略，就會偵測到攻擊事件。駭客攻擊節點而偵測節點偵測，會偵測到攻擊事件，偵測節點獲得的報酬是10，而駭客被抓到，他的報酬為－8。

駭客沒攻擊節點而偵測節點偵測，偵測節點因為誤判（false alarm），因為耗損資源獲得的報酬是－12。駭客沒攻擊節點，他沒損失也沒得到，所以得到報酬為0。

駭客攻擊節點而偵測節點沒偵測攻擊事件，偵測節點因為漏判（missing attacks），獲得的報酬是－14，駭客如入無人之地，他攻擊獲得報酬為6。

　　駭客沒攻擊節點而偵測節點也沒偵測攻擊事件，雙方沒損失也沒得到，所以得到報酬均為0。

　　這賽局沒有純粹策略均衡，我們用p代表偵測節點選擇「偵測」的混合策略機率，而$1-p$代表偵測節點選擇「沒偵測」的混合策略機率。駭客選擇「攻擊」的混合策略機率為q，而駭客選擇「不攻擊」的混合策略機率為$1-q$。利用期望報酬相等法，讓偵測者選擇「偵測」與「沒偵測」的期望報酬相等，可以計算q：

　　$10q+（-12）（1-q）=-14q+0（1-q）$

　　得到$q=1/3$，也就是駭客選擇「攻擊」的機率為1/3，「沒攻擊」的機率為2/3。

　　將駭客選擇「攻擊」與「沒攻擊」的期望報酬相等，計算p如下：

　　$-8p+6（1-p）=0$

　　得到$p=3/7$，也就是偵測者選擇「偵測」的機率為3/7，「沒偵測」的機率為4/7。

　　將雙方的報酬以參數來表示，由表3.12轉換成表3.13報酬矩陣表。

　　駭客攻擊節點而偵測節點偵測到攻擊事件，偵測節點獲得的報酬是a，而駭客被抓到，他的報酬為$-d$。

　　駭客沒攻擊節點而偵測節點偵測攻擊事件，偵測節點因為誤判（false alarm），獲得的報酬是$-b$，駭客沒攻擊節點，他沒損失也沒得到，所以得到報酬為0。

▶ 表 3.13　分析網站攻防賽局的報酬矩陣表

		攻擊	不攻擊	$q-$mix
	駭客			
偵測節點	偵測	$a, -d$	$-b, 0$	$a \times q + (-b) \times (1-q)$
	不偵測	$-c, e$	$0, 0$	$-c \times q + 0 \times (1-q)$
$p-$mix		$-d \times p + e(1-p)$	$0 \times p + 0 \times (1-p)$	

　　駭客攻擊節點而偵測節點沒偵測攻擊事件，偵測節點因為漏判（missing attacks），獲得的報酬是$-c$，駭客因偵測節點無防守，他攻擊獲得報酬為 e。

　　駭客沒攻擊節點而偵測節點也沒偵測攻擊事件，雙方沒損失也沒得到，所以得到報酬均為0。

　　整理如下：

　　偵測節點獲得的報酬：a

　　偵測節點誤判獲得的報酬是：$-b$

　　偵測節點漏判獲得的報酬是：$-c$

　　駭客因偵測節點沒偵測到，他攻擊獲得報酬：e

　　駭客被抓到的報酬：$-d$

　　利用期望報酬相等法，讓偵測者選擇「偵測」與「沒偵測」的期望

報酬相等，可以計算q機率值，這個值是駭客攻擊的可能性：

$$aq + (-b)(1-q) = -cq + 0(1-q)$$

得到$q = b/(a+b+c)$ ，也就是駭客選擇「攻擊」的機率為$b/(a+b+c)$，「沒攻擊」的機率為$1-(b/(a+b+c))$。

假設駭客選擇「攻擊」的機率大於0.5，也就是如果$q > 0.5$，$b/(a+b+c) > 1/2$，$2b > a+b+c \rightarrow a-b-c < 0$，由以上判斷式可知：偵測節點「偵測到攻擊獲得的報酬」，加上「誤判的損失」，再加上「漏判的損失」小於零，也就是報酬為負的，駭客發動攻擊的可能性會超過50%。

同樣地，將駭客選擇「攻擊」與「沒攻擊」的期望報酬相等，計算p如下：

$$-dp + e(1-p) = 0$$

得到$p = e/(d+e)$，也就是偵測者選擇「偵測」的機率為$e/(d+e)$，「沒偵測」的機率為$1-[e/(d+e)]$。

假設偵測者選擇「偵測」的機率大於0.5，也就是如果$p > 0.5$，$e/(d+e) > 1/2$，$e > d$，由以上判斷式可知：「偵測節點無偵測而駭客攻擊獲得的報酬」，大於「駭客被抓到的損失時」，駭客的報酬為正的，偵測者「偵測」的可能性會超過50%。

3.6 孟買攻擊賽局

2008年孟買恐怖攻擊事件中，恐怖份子利用先進的GPS系統來定位

主要攻擊目標與維安部隊的位置，即時的分析敵我的現況，有效地接受領導人的命令，再同時發動多起攻擊，以避開維安部隊的反制，擴大戰果。當他們攻擊主要目標時會同時發動其它的分散攻擊（佯攻），來轉移維安部隊的注意力，這目的是拖延維安部隊的處理時間，在他們的主要目標（target）造成更多的傷亡。發生孟買攻擊時，由於突然地發動多個槍擊事件，各地的維安部隊各自反擊，造成有些槍擊事件處理人員過多，有些槍擊事件處理人員過少，圍捕恐怖份子的效率不彰，不僅造成重大傷亡，也揭露出維安部隊協同作戰的缺失。

到底恐怖份子發起的槍擊事件是佯攻？還是主要攻擊？我們參考擊落轟炸機賽局模型（Melvin Dresher, 1981），來分析佯攻與非佯攻之間互動關係，如表3.14， 美軍可以選擇將炸彈放在轟炸機F或P，而德軍高射炮可以去射轟炸機F或P。

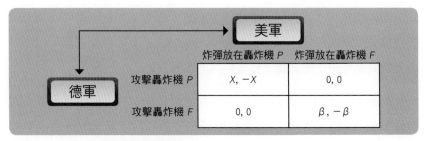

▶ 表 3.14 擊落轟炸機賽局報酬矩陣

雙方沒有純粹策略均衡，只有混合策略均衡：我們可以計算雙方採取P的混合策略機率為 $\dfrac{\beta}{X+\beta}$ 及採取F的混合策略機率為 $\dfrac{X}{X+\beta}$ 。

▲ 表 3.15 一個槍擊事件賽局的報酬矩陣

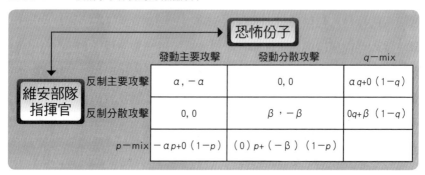

		恐怖份子		
		發動主要攻擊	發動分散攻擊	$q-$mix
維安部隊指揮官	反制主要攻擊	$\alpha,-\alpha$	0, 0	$\alpha q+0(1-q)$
	反制分散攻擊	0, 0	$\beta,-\beta$	$0q+\beta(1-q)$
	$p-$mix	$-\alpha p+0(1-p)$	$(0)p+(-\beta)(1-p)$	

　　我們參考擊落轟炸機賽局模型，來建構槍擊事件報酬矩陣如表 3.15。在一個發生多起分散式槍擊事件的城市中，將每一個槍擊事件的恐怖份子與該小區域的維安部隊指揮官兩者的互動過程，對應在一個零和、雙人與非合作的賽局，如果恐怖份子「發動主要攻擊」而維安部隊指揮官同樣以「反制主要攻擊」策略，維安部隊指揮官得到的報酬為 α。如果恐怖份子「發動分散攻擊」而維安部隊指揮官同樣以「發動分散攻擊」策略，維安部隊指揮官得到的報酬為 β。如果維安部隊指揮官沒有抓到恐怖份子的意圖，雙方得到的報酬為0。

　　這賽局沒有純粹策略均衡，用 p 代表恐怖份子「發動主要攻擊」的混合策略機率，而 $1-p$ 代表恐怖份子「發動分散攻擊」的混合策略機率。維安部隊指揮官「反制主要攻擊」的混合策略機率為 q，而維安部隊指揮官「反制分散攻擊」的混合策略機率為 $1-q$。接著利用期望報酬相等法，可以計算：

$$P=q=\frac{\beta}{X+\beta}\; ; 1-P=1-q=\frac{X}{X+\beta}\; 。$$

假設恐怖份子選擇「發動主要攻擊」的機率大於0.5，也就是如果q > 0.5，$\beta /（\alpha +\beta）$ > 1/2，$\beta > \alpha$，由以上判斷式可知：維安部隊指揮官採用「反制主要攻擊」獲得的報酬小於採用「反制分散攻擊」獲得的報酬時，恐怖份子「發動主要攻擊」的可能性會超過50%。相反地，維安部隊指揮官採用「反制主要攻擊」獲得的報酬大於採用「反制分散攻擊」獲得的報酬時，恐怖份子「發動分散攻擊」的可能性會超過50%。

3.7　孟良崮之役

1947年國共全面對戰，孟良崮之役是一場決定國民黨命運的戰役。國民黨軍部計畫：企圖希望據守孟良崮的74師堅守陣地，當作誘餌吸引牽制住共軍華東野主力，然後出動10個整編師的兵力，中心開花、內外夾擊，聚殲滅華東野戰軍主力。

但是74師必須堅守孟良崮、頂住解放軍的攻擊。然而，孟良崮由堅硬的花崗岩組成，地質堅硬，無法構築防禦工事，難以實現現代戰爭中的持久防守；而且，孟良崮地域狹小，遭到火炮轟擊時山石亂飛，極易形成碎片亂飛的二次殺傷效應，同時也不利於空投補給。加上，孟良崮地域缺水。為什麼張靈甫將軍還是率領74師進入孟良崮當誘餌？

國軍想包圍共軍，而共軍傾全力想要殲滅國軍張靈甫將軍率領的74師，雙方都打著如意算盤，如果國軍的74師誓死抵抗共軍，而共軍三天內圍殲74師3萬人，將獲得最大報酬10，國軍將全數被共軍殲滅，損失報酬為－10。如果沒有即時的圍殲74師，而讓國軍的援軍趕到形成反

包圍，將會損失報酬為－20，而國軍獲得20。

　　反觀，而共軍包圍74師而74師不抵抗而竄逃，國軍損失報酬為－5；共軍獲得報酬為5。共軍無法包圍74師而74師不抵抗而竄逃，國軍和共軍的報酬均為0。

▶ 表 3.16　孟良崮賽局的報酬矩陣表

74師＼共軍	三天內圍殲	超過三天無法圍殲	$q-mix$
至孟良崮當誘餌	－10, 10	20,－20	$-10q+（20）（1-q）$
不至孟良崮	5,－5	0, 0	$5q+0（1-q）$
$p-mix$	$10p+（-5）（1-p）$	$（-20）p+0（1-p）$	

　　表3.16 為孟良崮賽局的報酬矩陣表，這賽局沒有純粹策略均衡，用p代表74師選擇「至孟良崮當誘餌」的混合策略機率，而$1-p$代表74師選擇「不至孟良崮」的混合策略機率。共軍選擇「三天內圍殲」的混合策略機率為q，而共軍選擇「超過三天無法圍殲」的混合策略機率為$1-q$。利用期望報酬相等法，讓74師選擇「至孟良崮當誘餌」與「不至孟良崮」的期望報酬相等，可以計算q：

$$-10q+（20）（1-q）=5q+0（1-q）$$

得到$q=20/35=4/7$，也就是共軍選擇「三天內圍殲」的機率為$4/7=57\%$，「超過三天無法圍殲」的機率為$1-(4/7)=3/7=43\%$。

　　將共軍選擇「三天內圍殲」與「超過三天無法圍殲」的期望報酬相

等，計算p如下：

$$10p+(-5)(1-p)=(-20)p+0(1-p)$$

得到$p=1/7$，也就是74師選擇「至孟良崮當誘餌」的機率為$1/7=14\%$，「不至孟良崮」的機率為$6/7=86\%$。以上也可以用圖形找出雙方的最適反應p、q值，如圖3.6。

根據納許混合策略均衡，共軍選擇「三天內圍殲」的機率57%為較高的，而74師選擇「不至孟良崮」的機率為$6/7=86\%$也非常高，但是為什麼74師師長張靈甫將軍還是要去呢？我們從他自殺成仁寫給妻子的信可以找到答案：「十餘萬之匪向我猛撲，今日戰況更趨惡化，彈盡援絕，水糧俱無。我與仁傑決戰至最後一彈，飲訣成仁，上報國家與領袖，下答人民與部屬。老父來京未見，痛極！望善待之。幼子望養育之。玉玲吾妻，今永訣矣！」句中「我與仁傑決戰至最後一彈，飲訣成仁」，雖然知道最後會死，但接獲命令就從容就義，代表「軍人以服從為天職」的最佳寫照。雖然知道共軍「三天內圍殲」的機率較高，但還是選擇去「至孟良崮當誘餌」。

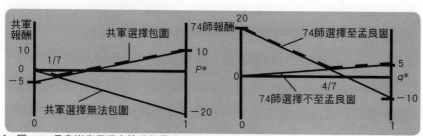

▶ 圖 3.6 孟良崮賽局混合策略的最適反應

3.8　納許均衡與相關均衡

上章節的選舞伴賽局。如帥哥和酷弟兩人參與這賽局，報酬矩陣如表3.17：這賽局的純粹策略納許均衡有兩個：（3，6）（6，3）帥哥選擇金髮美女，酷弟選擇次優美女，或者是酷弟選擇金髮美女，帥哥選擇次優美女。

▶ 表 3.17　把妹賽局的混合策略報酬矩陣

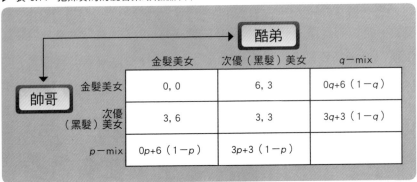

	金髮美女	次優（黑髮）美女	$q-$mix
金髮美女	0, 0	6, 3	$0q+6$（$1-q$）
次優（黑髮）美女	3, 6	3, 3	$3q+3$（$1-q$）
$p-$mix	$0p+6$（$1-p$）	$3p+3$（$1-p$）	

這賽局也可找出一組混合策略均衡，假定帥哥選擇金髮美女的混合策略機率值為p，而選擇黑髮美女的混合策略機率值為$1-p$。酷弟選擇金髮美女的混合策略機率值為q，而選擇黑髮美女的混合策略機率值為$1-q$。現在我們用圖解法來描述最佳混合策略，圖3.7a中當帥哥的$p-$mix範圍從0到1遞增時，酷弟的兩個純粹策略報酬的變化，假定報酬為v，陡的直線$v=6-6p$是酷弟選擇金髮美女，而平的直線$v=3p+3$（$1-p$）$=3$是他選擇次優美女。兩線相交於$p=0.5$，當p值小於0.5（帥哥偏好選擇次優美女），酷弟選擇金髮美女較有利，

▶ 圖 3.7　把妹賽局混合策略的最適反應

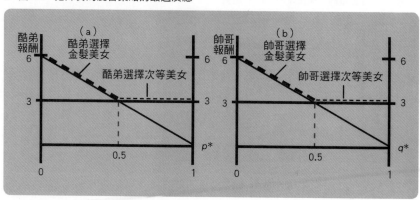

因為較容易成功，如粗虛線部份。當p值大於0.5（帥哥偏好選擇金髮美女），酷弟選擇次優美女較有利，如細虛線部份，也因為較容易成功。在圖3.7a上，粗虛線與細虛線部份稱作上包絡也叫高報酬線（upper envelope）。在$p=0.5$的交點上，酷弟不管是採用任何純粹策略或是兩者的混合策略，他的期望報酬結果都一樣是3。在圖3.7b也是可以和上述的方法來分析，在$q=0.5$的交點上，帥哥不管是採用任何純粹策略或是兩者的混合策略，他的期望報酬結果都一樣是3。

把表3.17轉換到圖3.8上，粗虛線是酷弟的最佳反應線：酷弟選擇金髮美女的期望報酬為$0p+6（1-p）=6-6p$，選擇黑髮美女的期望報酬為$3p+3（1-p）=3$，如果$p<0.5$，酷弟選擇金髮美女的期望報酬大於選擇黑髮美女的期望報酬，所以選擇金髮美女是酷弟的最適反應

▶ 圖 3.8　混合策略均衡機率$q*$、$p*$對應圖

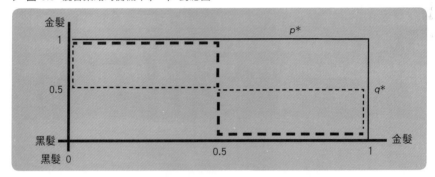

（$q=1$）。如果$p>0.5$，酷弟選擇金髮美女的期望報酬小於選擇黑髮美女的期望報酬，所以選擇黑髮美女是酷弟的最適反應（$q=0$）。如果$p=0.5$，q的任何值都是酷弟的最適反應（$q=0$到$q=1$的垂直線）。

　　在圖3.8中細虛線是帥哥的最佳反應線：帥哥的選擇金髮美女的期望報酬為$0q+6（1-q）=6-6q$，選擇黑髮美女的期望報酬為$3p+3（1-p）=3$，如果$q<0.5$，帥哥選擇金髮美女的期望報酬大於選擇黑髮美女的期望報酬，所以選擇金髮美女是帥哥的最適反應（$p=1$）。如果$q>0.5$，帥哥的選擇金髮美女的期望報酬小於選擇黑髮美女的期望報酬，所以選擇黑髮美女是帥哥的最適反應（$p=0$）。如果$q=0.5$，p的任何值都是帥哥的最適反應（$p=0$到$p=1$的平行線）。

　　$0q+6（1-q）=3q+3（1-q）$

　　$0p+6（1-p）=3p+3（1-p）$

　　酷弟的最佳反應線（粗虛線）與帥哥的最佳反應線（細虛線）有

三個交點，兩個在角落，一個是$p=0$及$q=1$，即酷弟選擇黑髮美女而帥哥選擇金髮美女，另一個是$p=1$及$q=0$，即酷弟選擇金髮美女而帥哥選擇黑髮美女，這兩個是上一章找出的純粹策略納許均衡。第三個交點是$p=0.5$及$q=0.5$，這交點是雙方混合策略的最適反應，也就是混合策略納許均衡，混合策略對每位參賽者產生了3的報酬。但如果是純粹策略的納許均衡，只要有一方讓對方，選擇黑髮美女，另外一方就可追求金髮美女，得到報酬6，這報酬比混合策略納許均衡的報酬3還高。如果一個非零和的賽局中同時存在純粹策略的納許均衡和混合策略的納許均衡，使用混合策略通常會得到較低的期望報酬值（expected payoff）。原因是雙方選擇混合策略納許均衡可能發生的機率僅為$p\times(1-p)+q\times(1-q)=0.5\times0.5+0.5\times0.5=0.5$，所以有$1-0.5=0.5$的機率發生雙方選擇其它策略的結果，這其中包括雙方都選擇金髮美女，雙雙落空報酬都為零，這機率為$p\times q=0.5\times0.5=0.25$，所以雙方用混合策略有可能會因「策略誤用」而付出代價。

我們也可以用隨機丟銅板的方式來決定誰追金髮美女，抽到追金髮美女與黑髮美女的機率各為50%，抽到追金髮美女得到報酬為$0.5\times6=3$，抽到追黑髮美女得到報酬為$0.5\times3=1.5$，兩個報酬相加為$3+1.5=4.5$。用混合策略納許均衡，每位參賽者產生了$0.5\times3+0.5\times3=3$的報酬，隨機丟銅板的方式得到的報酬大於用混合策略納許均衡。所以大家可以合作，用個人的運氣來決定誰獲得較高的報酬。納許抽到金髮美女獲得報酬6，夏普利就選擇黑髮美女獲得報酬3，兩人因此不會得到報酬

▶ 表 3.18（a）把妹賽局報酬矩陣（b）隨機裝置設定各策略組合之機率

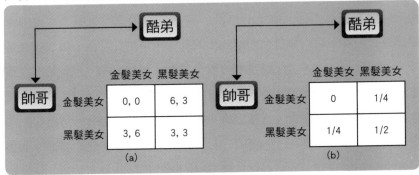

(a)

	金髮美女	黑髮美女
金髮美女	0, 0	6, 3
黑髮美女	3, 6	3, 3

(b)

	金髮美女	黑髮美女
金髮美女	0	1/4
黑髮美女	1/4	1/2

為0的結果，對整體來說是最好的結果，總報酬是9。如果總是抽到次優美女，代表你的手氣很差，這也是有可能的。

以上利用參賽者合作的概念，叫做「隨機協調」（coordinated randomization）。這種用隨機的方法，可以讓每位參賽者都得到更高的報酬，是奧曼Aumann提出的相關均衡（correlated equilibrium），以下用圖3.9來解釋相關均衡的報酬是如何大於納許均衡。

這賽局有三個納許均衡策略：（金髮美女，黑髮美女），（黑髮美女，金髮美女）及一個混合策略納許均衡$p^* = 0.5, q^* = 0.5$，（1/2, 1/2），在混合策略納許均衡兩位參賽者以1/2的機率採用金髮美女的策略，同樣地，以1/2的機率採用黑髮美女的策略，雙方得到報酬為3，計算如下：

$$（1/2）×（1/2）×（0,0）+（1/2）×（1/2）×（6,3）+（1/2）×（1/2）×（3,6）+（1/2）×（1/2）×（3,3）=（3,3）$$

▶ 圖 3.9 把妹賽局的相關均衡與納許混合策略均衡的關係

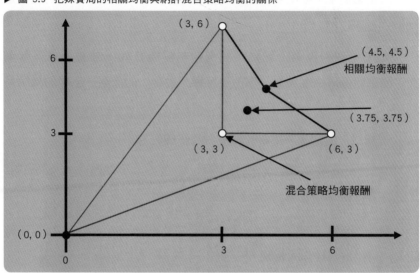

如果兩人可以達成協議，避免雙方都追求金髮美女的策略，將（金髮，金髮）的策略剔除，只採用三個策略組合（金髮，黑髮）、（黑髮，金髮）及（黑髮，黑髮），並以丟兩個銅板的方式來分配報酬，雙方可以同時觀察到兩個獨立銅板出現正反面是隨機抽樣的結果。將把妹賽局的策略組合如表3.18（a），以隨機方式設定各策略組合之機率如表3.18（b）。

如果兩個銅板同時為正面，或同時為反面時（正，正），（反，反），雙方均追求黑髮美女，採用（黑髮，黑髮）的策略，出現的機率是(1/4)＋(1/4)＝1/2。

如果兩個銅板第一個為正面，第二個為反面，帥哥追求金髮美

女，而酷弟追求黑髮美女，採用（金髮，黑髮）的策略，出現的機率是1/4。

如果兩個銅板第一個為反面，第二個為正面，帥哥追求黑髮美女，酷弟而追求金髮美女，採用（黑髮，金髮）的策略，出現的機率是1/4。

依據以上的協議，重新計算雙方的報酬如下：

（1/2）×（3, 3）＋（1/4）×（6, 3）＋（1/4）×（3, 6）＝（15/4, 15/4）＝（3.75, 3.75）

雙方得到的報酬為3.75，大於混合策略納許均衡的3。所以用隨機的方式可以得到較高的報酬。

如果兩人再將（黑髮，黑髮）的策略組合剔除，只剩下兩個策略組合（金髮，黑髮）、（黑髮，金髮），一樣用丟兩個銅板的方式來分配報酬。

如果兩個銅板同時為正面，或同時為反面時（正，正），（反，反），帥哥追求金髮美女，而酷弟追求黑髮美女，採用（金髮，黑髮）的策略，出現的機率是1/2。

如果兩個銅板第一個為反面，第二個為正面；或第一個為正面，第二個為反面，帥哥追求黑髮美女，酷弟而追求金髮美女，採用（黑髮，金髮）的策略，出現的機率是1/2。

依據以上的協議，重新計算雙方的報酬如下：

（1/2）×（6，3）＋（1/2）×（3，6）＝（9/2,9/2）＝（4.5,4.5）

　　雙方得到的報酬為4.5，這個方法雙方得到的報酬更高。有時候發現納許均衡的結果並不是參賽者所想要的，得到納許均衡的報酬不是最高的。在圖3.9中混合納許均衡的報酬（3，3）（如實心黑點），並不是最高的，經過隨機設定採用策略的機率，得到相關均衡的報酬(3.75,3.75)與(4.5, 4.5)（如實心黑點）都比混合納許均衡的報酬還高。這方法是奧曼Aumann1974年提出的相關均衡，它利用賽局以外的隨機裝置（randomization device）讓參賽者的策略組合有相關性（correlated），使得參賽者藉由這個裝置（方法），可以獲得比納許均衡還要高的報酬。

3.9　網路封包流量控制賽局

　　假設有相同數量的兩組網路封包（A、B）同時傳遞給一個接收節點N（如圖3.10），這接收節點一次只能接收一組封包，不是接收A就是接收B，這兩組封包同時到達交會處，兩組封包停止不動，雙方的報酬為0。如果A先讓B前進，A會得到報酬0，而B會到先到N得到報酬2，如果B先讓A前進，B會得到報酬0，而A會到先到N得到報酬2，如果雙方都前進會造成兩組封包碰撞損失，形成網路擁塞，雙方都得到－2。建構賽局報酬矩陣如表3.19 (a)。

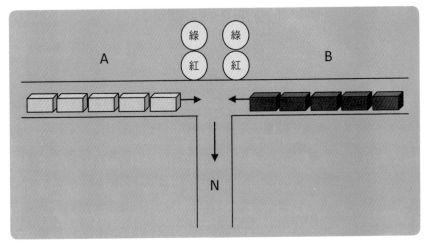

▲ 圖 3.10　網路封包流量控制圖

▶ 表 3.19　(a)封包流量控制賽局報酬矩陣 (b) 隨機裝置設定各策略組合之機率

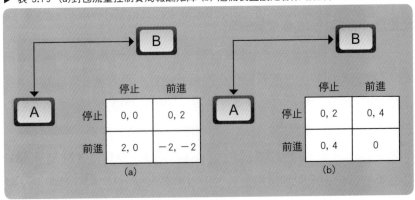

這賽局有三個納許均衡策略：（停止，前進），（前進，停止）及一個混合策略納許均衡$p* = 0.5,\ q* = 0.5$，（1/2,1/2），在混合策略納

許均衡兩位參賽者以1/2的機率採用停止的策略,同樣地,以1/2的機率採用前進的策略,雙方得到報酬為0,計算如下:

(1/2)×(1/2)×(0,0)+(1/2)×(1/2)×(0,2)+(1/2)×(1/2)×(2,0)+(1/2)×(1/2)×(−2,−2)=(0,0)

我們利用相關均衡的方法,在兩組封包前各放一個紅綠燈,來控制兩組封包的停止與進入,當綠燈時就前進,紅燈時就停止,以防止雙方同時進入產生擁塞的現象。因此,同樣只會有三個策略組合出現(停止,停止)、(停止,前進)及(前進,停止)。並將賽局的策略組合如表3.19(a),以隨機方式設定各策略組合之機率如表3.19(b)。

機率為
$$\begin{cases} 0.2 \ (紅,紅)=(停止,停止) \\ 0.4 \ (紅,綠)=(停止,前進) \\ 0.4 \ (綠,紅)=(前進,停止) \end{cases}$$

依據以上的紅綠燈控制,計算雙方的報酬如下:

(1/5)×(0,0)+(2/5)×(0,2)+(2/5)×(2,0)=(4/5,4/5)=(0.8,0.8)

雙方得到的報酬為0.8,大於混合策略納許均衡的0。所以用隨機控制紅綠燈的方式可以得到相關均衡(correlated equilibrium),並獲得較高的報酬。

3.10 混合策略納許均衡定理
（Mixed Strategy Nash Equilibrium）

　　混合策略（mixed strategy）是指參賽者有一組純粹策略，以隨機比例的方式來選取策略。例如在猜銅板賽局中，運用的混合策略。一個報酬矩陣形式賽局（Normal Form Game）$G = <N, (S_i), (\pi_i)>$，如果沒有純粹策略均衡，納許證明所有有限的（finite）報酬矩陣形式賽局都會有一個「混合策略均衡」。因此，混合策略賽局定義為：「純粹策略賽局的策略隨機混合運用的擴充賽局。」我們重新定義這個混合策略賽局中每一個參賽者 i 擁有策略行動集合 A_i。假設參賽者i有K個純粹策略：$S_i = \{S_{i1}, \cdots, S_{1K}\}$.參賽者i運用K個混合策略的機率分配為（$p_{i1}, p_{12}, \cdots, p_{iK}$），也就是每個策略都會對應一個機率，例如：$p_{iK}$是參賽者i運用$S_{iK}$策略的機率 $K = 1, \cdots, K$。因為p_{iK}是機率值，所以它介於0和1之間的值，而且所有策略的機率值相加會等於1，$p_{i1} + \cdots + p_{iK} = 1$。所謂混合策略是所有策略$S_i$的機率分佈集合$p_i$（每一個策略都有一個機率），以這機率集合運用在非合作賽局的競爭中，而純粹策略是在所有策略S_i中，百分之百的選出一個策略S_i來因應對手的競爭。

　　如果有兩個參賽者（玩家），定義第一個參賽者的策略集合$S_1 = \{u_1, u_2, \cdots, u_J\}$有J個數量的策略，第二個參賽者的策略集合$S_2 = \{d_1, d_2, \cdots, d_K\}$有K個數量的策略，雙方的策略互動可以對應成一個$J \times K$的報酬矩陣（如表3.20），第一個參賽者可以用$u_J$策略對應第二參賽者的$d_K$個策略。

▶ 表 3.20 兩人賽局的混合策略報酬矩陣

	d_1	d_2	$\cdots$	d_K	玩家1的混合策略機率
u_1	$\pi_1(u_1,d_1)$ $\pi_2(u_1,d_1)$	$\pi_1(u_1,d_1)$ $\pi_1(u_1,d_1)$	$\cdots$	$\pi_1(u_1,d_K)$ $\pi_1(u_1,d_K)$	$p(u_1)$
u_2	$\pi_1(u_2,d_1)$ $\pi_2(u_2,d_1)$	$\pi_1(u_2,d_2)$ $\pi_2(u_2,d_2)$	$\cdots$	$\pi1(u_2,d_K)$ $\pi2(u_2,d_K)$	$p(u_2)$
$\vdots$	$\vdots$	$\vdots$	$\ddots$	$\vdots$	$\vdots$
u_J	$\pi_1(u_J,d_1)$ $\pi_2(u_J,d_1)$	$\pi_1(u_J,d_2)$ $\pi_1(u_J,d_2)$	$\cdots$	$\pi_1(u_J,d_K)$ $\pi_2(u_J,d_K)$	$p(u_J)$
玩家2的混合策略機率	$q(d_1)$	$q(d_2)$	$\cdots$	$q(d_K)$	

如果玩家1相信玩家2的混合策略機率為$q=(q(d_1),q(d_2),\cdots,q(d_K))$，玩家1採用純粹策略$u_j$的期望報酬計算如下：

(1)
$$\sum_{k=1}^{K}\pi(d_k)\mathbf{p}_1(u_j,d_k)$$

玩家1的混合策略機率集合為$p=((p(u_1),p(u_2),\cdots,p(u_j)))$，因此，玩家1的混合策略期望報酬計算如下：

(2)
$$V_1(p,q)=\sum_{j=1}^{J}p(u_j)\left[\sum_{k=1}^{K}q(d_k)\pi_1(u_j,d_k)\right]$$

$$=\sum_{j=1}^{J}\sum_{k=1}^{K}p(u_j)\cdot q(d_k)\pi_1(u_j,d_k).$$

其中$p(u_j)$為玩家1採用u_j策略的機率值，而$q(d_K)$為玩家2採用d_K策略的機率值，$0\leq p(u_j),q(d_K)\leq 1$，$K=1,\cdots,K$，$J=1,\cdots,J$；$p(u_1)+p(u_2)+\cdots+p(u_j)=1$，$q(d_1)+q(d_2)+\cdots+q(d_K)=1$。

給定方程式（2）的計算，玩家1的混合策略期望報酬是它的每個純粹策略$\{u_1, u_2, \cdots, u_j\}$期望報酬（如方程式2）的權重值總合，這些權重是玩家1的混合策略機率值$p（u_1），p（u_2），\cdots，p（u_j）$。因此，給定玩家2的混合策略$q（d_K）$，玩家1的混合策略最適反應為$p（u_j'）>0$，如果滿足以下不等式：

$$\sum_{k=1}^{K} q(d_k)\pi_1(u_j, d_k) \geq \sum_{k=1}^{K} q(d_k)\pi_1(u_{j'}, d_k).$$

u_j'屬於在玩家1的策略集合S_1。也就是一個混合策略成為一個最適反應，它必需是一個正的機率值。相反地，如果給定玩家1的混合策略$p（u_j）$，玩家2也會有一個混合策略最適反應的機率值$q（d_K'）$。

玩家1和玩家2分別採用p和q混合策略時，可以計算玩家2的期望報酬值。如果玩家2相信玩家1會採用他策略（$u_1, u_2, \cdots, u_j$）的混合策略機率時（$p（u_1），p（u_2），\cdots，p（u_j）$），，那麼玩家2採用的策略（$d_1, d_2, \cdots, d_K$）的混合策略機率（$q（d_1），q（d_2），\cdots，q（d_K）$）的期望報酬值如下：

(3)
$$V_2(p, q) = \sum_{k=1}^{K} q(d_k)\left[\sum_{j=1}^{J} p(u_j)\pi_2(u_j, d_k)\right]$$
$$= \sum_{j=1}^{J}\sum_{k=1}^{K} q(d_k) \cdot p(u_j)\pi_2(u_j, d_k),$$

給定玩家1的期望報酬值$V_1（r, q）$和玩家2的期望報酬值$V_2（r, q）$，混合策略納許均衡必需滿足：一個玩家的最適反應是依據對手的

最適反應。雙方的納許混合策略均衡組合為，$p*$必須滿足：

(4)

$$V_1(p^*, q^*) \geq V_1(p, q^*)$$

玩家1的所有的混合策略是一個機率分配（p over S_1），$q*$必須滿足：

(5)

$$V_2(p^*, q^*) \geq V_2(p^*, q)$$

玩家2的所有的混合策略也是一個機率分配（p over S_2）。

　　$p*$和$q*$代表競爭者雙方的混合策略納許均衡。這個混合策略納許均衡它類似一種機率狀態，它可以預測賽局的結果，並且能夠捕捉到一個機率性的常規。玩家們具有對方的策略行為及報酬等資訊，每一個玩家可以應用這些報酬，推論他的對手的行為，形成一個信念，因而找出他的最佳混合策略，這個雙方認為是最佳化的混合策略，就叫混合策略納許均衡。

　　猜銅板賽局（如表3.1）中兩個玩家是零和賽局，玩家1混合策略機率值為p，而玩家2的混合策略機率值為q，用方程式（2）可求出玩家1的期望報酬值為：

　　$V = pq \times (-10) + p(1-q) \times (10) + (1-p)q \times (10) + (1-q)(1-q) \times (-10) = (2q-1) + p(2-4q)$

　　我們利用數值模擬V、p、q三者的關係，在圖3.11會發現有一個鞍

點存在，p值要使玩家1的報酬V最大，而q值要使玩家的報酬V最小，兩力拉扯達到鞍點，這鞍點就是p值和q值的混合策略納許均衡點，$p＝q＝1/2＝0.5$，而$V＝0$。

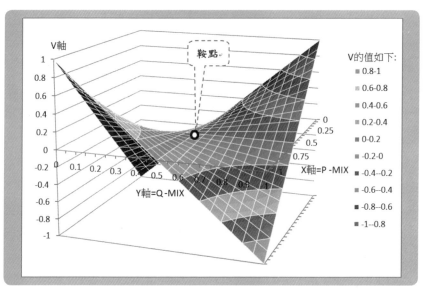

▶ 圖 3.11　猜銅板賽局的鞍點

▶ **問題與討論** ···

1.以下是洋基隊A－ROD打擊手對上國民隊的投手BLUEBIRD投出直球和變化球，A－ROD的打擊率：

打擊手　　　投手	投直球	投變化球
猜直球	80%	0%
猜變化球	10%	30%

如果你是投手BLUEBIRD，你會如何分配直球與變化球？如果你是打擊手A－ROD，你猜直球和變化球的機率是多少？

2. 以下是膽小鬼賽局的報酬矩陣：

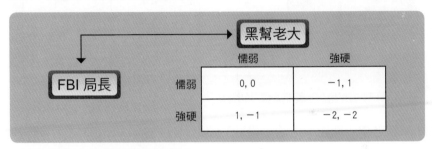

請算出雙方的混合策略均衡？

3. 美網公開賽中世界排名第一的塞爾維亞「微笑戰神」喬科維奇對上世界排名第二的「瑞士特快車」費德勒，喬科維奇的底線球與穿越球的獲勝機率如下表：

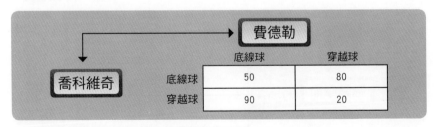

請求出這賽局的混合策略均衡？

4. 以下阿西與阿東玩剪刀石頭布賽局的報酬矩陣：

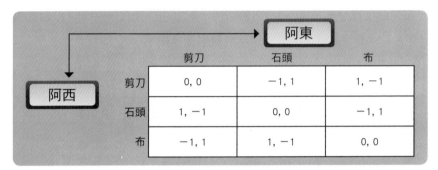

請計算雙方的混合策略納許均衡？

5. 接續上章「問題與討論」第5題。莫日亞蒂（Mariarty）追殺福爾摩斯（Holmes），莫日亞蒂知道福爾摩斯會在兩個車站多佛及坎特堡（Dover, Canterbury）下車，如果莫日亞蒂猜到福爾摩斯的下車車站，就可把福爾摩斯解決，如果猜錯就會讓福爾摩斯脫逃，雙方的報酬矩陣表如下：

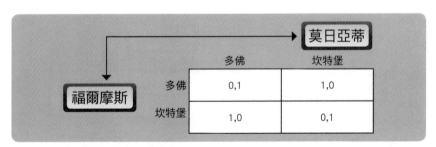

請求出這賽局的混合策略納許均衡？

6. 現在德軍轟炸機要選擇轟炸英國倫敦或曼徹斯特，英國空軍戰鬥機要去攔截，根據以往的轟炸成效（德軍轟炸成功率，英軍的攔截率）

如下表。請按混合策略均衡算法，求出德軍轟炸英國倫敦的機率值（P）及轟炸英國曼徹斯特的機率值（1－P）？以及英國空軍去倫敦攔截的機率值（Q）及英國空軍去曼徹斯特攔截的機率值（1－Q）？

		英軍戰鬥機	
		防倫敦(Q)	防曼徹斯特(1－Q)
德軍轟炸機	轟炸倫敦(P)	60%, 40%	95%, 5%
	轟炸曼徹斯特(1－P)	90%,10%	70%, 30%

第三部份 非合作完全訊息動態賽局

【第四章】 重複賽局

　　前面章節所介紹的賽局都是一次性的賽局（one shot game），但在現實社會裡，我們所面對競爭對手可能不只一次，有可能今天的賽局和他競爭一次，明日同樣的賽局又競爭一次，或者爾後又會競爭好幾次，參賽者會經過多階段的賽局，而且是重複性的賽局，我們稱這類賽局為重複賽局（repeated game）。參賽者面臨的每一階段賽局（stage game）都是一樣，所以參賽者在每一階段結束時，都可以觀察到其它參賽者上一階段賽局所採取的行動，因此參賽者再採取下一階段賽局的策略時，會受到對手過去行動的影響，然後調整自己的策略。以「囚犯困境」為例，第一次雙方可能會落入「認罪」的圈套，但第二次檢察官故計重施時，可能會有一方採「不認罪」，來釋出善意，讓對方產生「不認罪」意願，在第三次時大家可能採「不認罪」，來達到雙方最大報酬。

4.1 航空票價賽局

　　我們和別人共同做某件事，原本雙方合作會得到雙贏的利潤，但是我們常常看到，當背叛他人會得到更高的利潤，而另外一方會失去利潤，背叛獲得高利潤的誘因出現時，縱使大家都知道互相合作是最好的結果，但還是會陷入互相背叛的困境。

　　在現實生活當中，我們可能會遇到好幾次的「囚犯困境」賽局，一般人面對他人第一次或好幾次的背叛，會有三種反應：第一種是大好人，認為人性本善，上次他上當了，被你背叛了，下一次他還會選擇相

信你和你合作，一直相信你會回心轉意和他合作。第二種容易翻臉的人，他第一次開始會和你合作，但一發現被你背叛時，他從此以後都不相信你，一直採用背叛的策略。最後一種人較有彈性的人，他的策略會隨著你的策略而變動，也就是以彼之道，還施彼身。第一次他會採合作的策略，如果你第一次採背叛，他會在第二次時採背叛，如果第三次採合作，他會在第四次採合作，也就是他的策略是隨著你前一次採的策略而定。大家都知道第三種人採用的策略是最多人常用的，如果你對我好，我就對你好，如果你對我壞，我就對你壞。

我們以一個案例來驗證第三種人的策略是否最好？當我們和他人互動競爭時，遭遇到不只一次的「囚犯困境」，可能會進行好幾次的「囚犯困境」賽局，也就是當考慮多階段或多次的賽局，同樣情況的賽局發生好幾次。我們來想想，「囚犯困境」的賽局在兩個搶匪之間發生了好幾次，結果會是如何？第一次雙方選擇背叛，第二次雙方還會選擇背叛嗎？當雙方發現第一次中了警察的計謀後，第二次會選擇合作嗎？所以有可能雙方經歷好幾次的「囚犯困境」後，就會走出這個困境，轉向合作。

假設有一個機票價格戰的賽局，有兩家航空公司為了搶客人，不斷的低價促銷，於是進入了低價競爭的困境，這困境和第二章說明兩個搶匪遭遇的「囚犯困境」一樣。假設有華榮和長航兩家大型航空公司，因為國人搭乘飛機的市場固定，客人就這麼多，如果雙方合作把價格訂得一樣高，彼此都能獲利。如果有一方不合作而採降價的策略，另一方怕

失去利潤也會採降價的策略，大家就會進入一個削價競爭的困境。因為對一家航空公司來說最好的情況是我採降價的策略，而另一家不降價，大部份的顧客會選擇低價機票，我就可以搶攻市場，降價的公司就會獲得較高的利潤，而採高價的公司就會失去顧客，減少獲利。

　　我們將兩家公司的削價競爭的情況模式化為一個賽局，假設兩家公司都採用中價（合作）的策略，雙方各獲利5億元，如果有一家公司採降價（背叛）策略，它會吸引客人，於是獲利增加為6億元，另一家採原價的公司，大部份的客人會被吸走，轉而買廉價的機票，於是獲利會減少，獲得的報酬為1億元。如果雙方都降價，因雙方削價競爭，兩家公司的獲利會下降到2億元。雙方策略的報酬矩陣表如表4.1：

▶ 表 4.1　第一期票價賽局

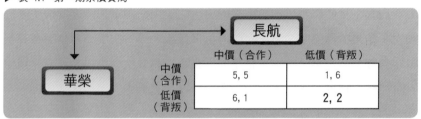

▶ 表 4.2　第二期票價賽局

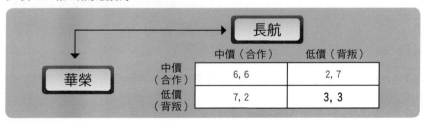

這賽局雙方第一次同時出手的純粹納許均衡為雙方都會採用「背叛」的策略（如表4.1），同時會採用「低價」的策略，雙方只能得到兩億元的利潤。如果這賽局會重複好幾次，這種重複賽局會有兩種情況：第一種是有限次的賽局（finitely repeated game），會有終止的時候，也就是會有最後一次的賽局；另一種是無限次的賽局（infinitely repeated game），也就是沒有結局的賽局，這賽局會一直持續下去。以下依序分析有限次和無限次的情況。

4.1.1 有限次的重複賽局

假設兩家航空公司的票價賽局會進行兩次（兩階段）。這兩家航空公司會同時分析這兩次的賽局，然後訂定他們的價格，第一次賽局的報酬矩陣為表4.1，雙方一同會進入「囚犯困境」，因此共同選擇「背叛」。第二次賽局的報酬矩陣為表4.2，我們把所有的策略組合形成的報酬累加，雙方的報酬組合還是跳脫不了「囚犯困境」，雙方還是會互相背叛。

▶ 表 4.3　票價賽局加入獎勵或懲罰策略的3×3報酬矩陣

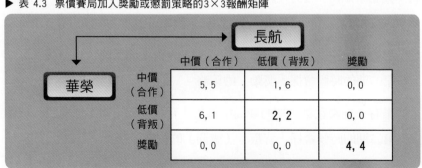

華榮 ＼ 長航	中價（合作）	低價（背叛）	獎勵
中價（合作）	5, 5	1, 6	0, 0
低價（背叛）	6, 1	**2, 2**	0, 0
獎勵	0, 0	0, 0	**4, 4**

　　為了讓兩人能共同合作，跳離困境，讓雙方得到最適結果（合作，合作），在上述的賽局裡額外加上一個策略選擇欄位——「獎勵」，形成一個3×3的賽局報酬矩陣如表4.3，這個第一期賽局有兩個純粹納許均衡（背叛，背叛）及（獎勵，獎勵），其中雙方（背叛，背叛）的均衡為報酬較差的組合（2, 2），而（獎勵，獎勵）的均衡為報酬較高組合（4, 4）。其中（合作，合作）的報酬（5, 5）是Pareto最適的結果，但雙方在第一期的賽局中不會選擇這策略。我們同樣重複玩這賽局兩次，（5, 5）不是賽局的納許均衡因此不可能在第二期出現，故現在華榮公司用第二期好的納許均衡（4,4）來獎勵第一期的合作（也就是達成（5,5）），用壞的納許均衡（2,2）來處罰第一期的背叛。同樣地，長航公司也用第二期好的納許均衡（4,4）來獎勵第一期的合作（也就是達成（5,5）），用壞的納許均衡（2,2）來處罰第一期的背叛。

　　我們來檢驗一下這兩次的重複賽局利用「處罰」與「獎勵」的措施是否會改變雙方的決策？跳脫困境走向合作。首先，在第二期賽局中，不論第一期結果如何，雙方互動後會走向（2,2）或是（4,4）的結果，也就是兩個納許均衡（背叛，背叛）及（獎勵，獎勵）。判斷條件有以下兩條：

1. 如果有一玩家在第一期的賽局中採用「合作」的策略，那麼另一玩家在第二期的時候會採「獎勵」的策略。

2. 如果有一玩家在第一期的賽局中採用「背叛」的策略，那麼另一玩家在第二期的時候會採「背叛」（懲罰）的策略。

　　我們來驗證獲得報酬大小，如果有一玩家在第一期採用「合作」，

雙方都採合作（合作，合作）報酬為5，因為符合第2條件，第二期時另一玩家會採用「獎勵」的策略，所以雙方會得到最大報酬為4，策略組合為（獎勵，獎勵），兩期的總報酬為5＋4＝9。

如果有一玩家在第一期採用「背叛」，另一玩家採合作，策略組合為（背叛，合作），第一期採用背叛的玩家報酬為6，因為符合第2條件，第二期時另一方會採用「背叛」的策略，所以雙方會得到報酬2，策略組合為（背叛，背叛），總報酬為6＋2＝8。

$$\begin{cases} 如果第一期選擇合作 \rightarrow 報酬得到5＋第二期報酬得到4＝9 \\ 如果第一期選擇背叛 \rightarrow 報酬得到6＋第二期報酬得到2＝8 \end{cases}$$

由以上可知第一期玩家選擇合作策略的報酬會大於選擇背叛的報酬（9＞8）。

$$\begin{cases} 今日背叛的誘惑＜明日獎勵得到的報酬值－明日懲罰後得到的報 \\ 酬值 \rightarrow 6－5＜4－2 \\ \qquad \rightarrow 1＜2 \end{cases}$$

所以使用獎勵或懲罰措施會使他們走向合作，而不會陷入「囚犯困境」。如果雙方重複的進行賽局，未來有獎勵或懲罰的承諾，當雙方進行今日的賽局時，就會走向合作的結果，這種存在「未來好處的效應」（end effects），也就是現在我們選擇合作，未來就有好結果。在現實的社會中很常見，例如：公務員退休金，公務員平時不好好工作或做違法的事，退休時就拿不到退休金。或者是老師叫我們平時要認真聽課，考個好成績，未來就不會被當。這個眾所皆知的道理，因為不知道是誰先發現的定理，就叫做無名式定理（Folk theorem）。

4.1.2 無限次的重複賽局

如果兩家公司價格競爭是一種長期互動時，也就是雙方的競爭時間沒有一定的期限，而彼此永遠競爭下去，這種賽局會一直連續下去，這使他們的策略會參考賽局前一期雙方的選擇，然後再做下一期的決定，通常也會有三種策略來進行這種無限次的重複賽局：

1. **永遠合作的策略（大好人）**：這種人永遠和對手合作，例如在票價賽局中始終採取中價（合作）的策略，始終認為對方會和自己合作，但是採用這策略，可能會被對手永遠採用低價（背叛）的策略，對手得到報酬6而自己只得到報酬1，也就是被對手背叛，永遠被對手佔到便宜。

2. **殘忍報復的策略（grim strategy）（翻臉不認人）**：這是一個觸發的策略（trigger strategy），從第一期開始採用合作的策略，一直到對手在某一期採用背叛的策略時，從此以後就翻臉不相信對手會合作，於是開始採用背叛的策略，也就是一直殘忍的採低價策略，永不回頭的持續下去，而對手就無法和他合作。

3. **以牙還牙策略（Tit−for−Tat：TFT）**：這策略也是觸發型的策略，但比較有彈性，就是以彼之道，還之彼身的策略，賽局開始的第一期採用合作，當對手前一期的策略為背叛時，他下一期就採用背叛，如果對手前一期轉為合作時，他下一期就採用合作，賽局一直進行下去，他所選擇的策略會隨著對手前一期的回應，而在下一期做調整。

我們用直觀的去想，好像第三種策略比較符合人性，報酬也比較多，我們以票價賽局來分析「以牙還牙」的策略是否為較佳的選擇？

　　如果華榮採用「以牙還牙」的策略時，而長航背叛一次划算嗎？或永遠背叛獲利較好嗎？長航公司在第一期選擇背叛（低價）得到報酬6，但在第二期因為對手以牙還牙，雙方都得到報酬2，第三期以後雙方都會採合作策略，因此都得到報酬5。（如表4.4）

▶ 表 4.4　以牙還牙與背叛一次的獲得報酬比較表

	第一期報酬	第二期報酬	第三期報酬	第四期報酬	‧‧‧‧
華榮（TFT）	1（合作）	6（背叛）	5（合作）	5（合作）	5,5,5,5,……
長航（1次背叛）	6（背叛）	1（合作）	5（合作）	5（合作）	5,5,5,5……

　　長航公司背叛第一期，它會額外獲得1的報酬（如果合作會得到5，背叛會得到6），華榮公司會在下一期施以報復，選擇背叛。長航在下一期有兩個選擇，「繼續背叛下去」或「只背叛一次後選擇回到合作」，第二期繼續背叛的話，以後每期損失3的報酬（如果合作會得到5，但背叛後雙雙會得到2，5－2＝3）（如表4.5）。如果長航第二期選擇回到合作，第二期它會因被華榮報復而失去4（如果合作會得到5，但華榮報復選擇背叛得到6，而長航採合作會得到1，所以5－1＝4）第三期以後雙方選擇合作，報酬會回到5。（如表4.4）

▶ 表 4.5　以牙還牙與一直背叛的獲得報酬比較表

	第一期報酬	第二期報酬	第三期報酬	第四期報酬	‧‧‧‧
華榮（TFT）	1（合作）	2（背叛）	2（背叛）	2（背叛）	2,2,2,2,..
長航（一直背叛）	6（背叛）	2（背叛）	2（背叛）	2（背叛）	2,2,2,2,..

所以可以整理前兩期「永遠背叛」和「只背叛一次」的報酬比較如下：

永遠背叛
$$\begin{cases} 今日背叛的誘惑 < 明日合作得到的報酬值 - 明日被報 \\ 復得到的報酬值 \to 6-5 < 5-2 \\ \qquad\qquad\qquad \to 1 < 3 \end{cases}$$

只背叛一次
$$\begin{cases} 今日背叛的誘惑 < 明日合作得到的報酬值 - 明日被 \\ 報復得到的報酬值 \to 6-5 < 5-1 \\ \qquad\qquad\qquad \to 1 < 4 \end{cases}$$

長航選擇背叛一次，今日（第一期）背叛得到的報酬1小於明日（第二期）被報復而損失的報酬4。長航選擇一直背叛下去，今日背叛多得到的報酬1小於明日被報復而損失的報酬3。由此可知，如果對手採用TFT的策略，不管你背叛一次或一直背叛下去得到的報酬，都沒有比原來不背叛（合作）的報酬好。

4.1.3 折扣因子（discount factor）

當重複賽局進行時，長航在第一期被華榮背叛而得到的報酬1（6-5=1），現在獲得的報酬會比未來獲得的報酬還要有價值，因為你可以將現在賺的錢，存在銀行生利息，所以當分析重複賽局隨著時間進行時，雙方的報酬必須把投資報酬率考量進去。

我們把投資報酬率加進去分析：當對手採用以牙還牙的策略時，背叛一次是否會獲利？

長航公司背叛第一期，會額外獲得1的報酬，但在下一期失去報酬4，第三期以後恢復合作。1和4不能直接做比較，因為隨著時間的增加

金錢會增值，這時必須將投資報酬率加入計算（每期設定報酬率參數為r），我們需要決定第二期的4在第一期值多少錢，然後再拿它來跟1做比較，看看背叛一次是否值得？我們要找的是現值（present value, p），這週賺了多少錢，在下一期會值4，所以需要決定今日賺多少錢，加上利息，在下一期才會等於4，現值和4的關係式如下：

$$p+(r \times p)=4, \ p=4/(1+r)$$

只要給定每一期的報酬率為r，並考量在第二期（明日）的報酬值4，就可算出第一期（今日）的現值p。

我們從長航面對華榮的TFT策略，所採用一次性的背叛策略，就可以按同一基準點在第一期背叛獲得的報酬1和第二期獲得報酬4的現值p來做比較。假設面對對手TFT策略，背叛一次合乎效益，也就是第一期報酬大於第二期獲得報酬的現值，$1>4/(1+r)$，$r>300\%$，長航的第一期投資報酬率r要超過300%，選擇一次性的背叛才會獲利，顯然要到達這麼高是不太可能，所以長航公司還是老實採用合作的策略，才不會造成損失。

當對手採用以牙還牙的策略時，持續的背叛是否會獲利？永遠的背叛划算嗎？長航公司背叛第一期，它會額外獲得1的報酬，華榮公司會在下一期施以報復，選擇背叛。長航選擇「繼續背叛下去」，從第二期繼續背叛，以後每期都損失3的報酬，長航持續的背叛是不是有利可圖？未來有無限期（infinite）的賽局將會持續進行，將所有未來損失的利潤累加起來，計算成第一期的現值p，再和第一期獲得的報酬1比較。

　　按上面同樣的計算方式，第二期背叛損失3，它在第一期的現值為 $3/(1+r)$。在第三期3的利潤是它的現值再加上前兩期的複合利息，如果第一期投資報酬為p，第二期的報酬會變成$p+(r\times p)$，第二期將 $p+(r\times p)$ 的報酬拿去投資，第三期報酬會得到本金$p+(r\times p)$及利息$r(p+(r\times p))$，所以會得到以下方程式：

　　$p+(r\times p)+r(p+(r\times p))=3\rightarrow p(1+r)^2=3\rightarrow p=3/(1+r)^2$，所以第三期損失3它在第一期的現值為$3/(1+r)^2$。利用這方法同樣可計算第四期損失3的現值為$3/(1+r)^3$。第五期的現值為$3/(1+r)^4$，在第$n+1$期損失3的現值為$p=3/(1+r)^n$，當長航公司背叛期數一直增加，每一期損失的現值就會愈來愈小。我們累算長航公司損失的利潤，從$n=2$第二期到第n期$n=\infty$，這是無窮級數k：

$$k=\frac{3}{(1+r)^1}+\frac{3}{(1+r)^2}+\frac{3}{(1+r)^3}+\frac{3}{(1+r)^4}+\frac{3}{(1+r)^5}+\cdots \quad (1)$$

　　因為r是報酬率一定大於零，所以$1/(1+r)$小於1，這個比率為一個折扣因子（discount factor）參數δ。方程式（1）無窮級數代上δ，如下：

$$k=3\delta+3\delta^2+3\delta^3+3\delta^4+3\delta^5+\cdots$$

$$\rightarrow k=3(\delta+\delta^2+\delta^3+\delta^4+\delta^5+\cdots) \quad (2)$$

設定$\delta+\delta^2+\delta^3+\delta^4+\delta^5+\cdots=S$

$$\rightarrow \delta+\delta^2+\delta^3+\delta^4+\delta^5+\cdots$$

$$= \delta\left(1+\delta+\delta^{2}+\delta^{3}+\delta^{4}+\delta^{5}+\cdots\right)$$

$$\rightarrow \delta+\delta^{2}+\delta^{3}+\delta^{4}+\delta^{5}+\cdots=\delta\left(1+S\right)$$

$$\rightarrow S=\delta\left(1+S\right) \therefore S=\frac{\delta}{1-\delta}\left(3\right)$$

$\delta=\dfrac{1}{1+r}$ 代入（3）式得 $S=\dfrac{1}{r}$ 再代入（2）式

得 $k=\dfrac{3}{r}$

由此可知所有損失的累積現值會收斂到$3/r$，我們現在可以分析長航公司採用永久背叛有沒有賺頭，把第一期獲得報酬的1和所有損失的累積現值$3/r$，兩者來作比較，如果 $1>3/r$，$r>300\%$，長航的每一期投資報酬率r要超過300%，他選擇永久性的背叛的損失才會小於第一期的獲利報酬1，顯然每一期要到達這麼高的報酬率是不太可能，所以長航公司採用永久性的背叛，也不容易得到好處，應該還是採用與華榮公司合作的策略，才能獲利。

由以上兩個例子來看，如果你用一次性背叛或永久性的背叛策略，對手採用以牙換牙的策略來報復你時，一次性背叛的策略除非第一期報酬率非常高（達300%），否則你一次背叛不會得到好處。永久性的背叛更慘，由於你每一期的背叛，兩人每一期都不斷的損失（報酬3），直到你回頭，雙方才能由報酬2提升到報酬5。由此可知對手「以牙還牙」的策略隨著你的策略而作變動調整，會讓你知難而退，也就是知道背叛不可行，轉而追求合作這條路。如果對手採「殘忍報復」的策略，就不會讓你有回頭的機會，不給他人退路，同樣地也是不給自己退路，

這種策略不只對他人殘忍，對自己也殘忍，這和孫子兵法所說的「圍師必闕」是同樣的意思，當敵人潰敗，你也達到目的時，就留一條路給他逃跑。回到票價賽局，既然你已經懲罰了對方，對方要回頭，你就給他機會合作，雙方就會達到雙贏的結果，如果你不給他機會，雙方就會一直陷入「囚犯困境」，達到雙輸的境地。

　　從以上的分析中，可以知道如果「囚犯困境」的賽局，有很多次或很多階段時，在短期的賽局中，除非你的報酬率夠大，你會背叛對手，但是在長期的互動賽局中，經過獎勵或懲罰的機制，就有可能讓大家走向合作這條路。

4.2 油價隱性勾結

　　我們常常覺得汽油的價格愈來愈貴，今年的油價比20年前的油價增加了30%，也就是20年前無鉛汽油一公升20元，今年已達一公升30元。當國際油價漲時，石油公司也漲，漲的幅度大；國際油價跌時，石油公司也跌，但是跌的幅度小。於是會猜想是否石油公司間有合作勾結？聯合不降到國際油價的範圍，來獲取利潤。

　　假設國內有兩家石油公司（A、B）供應市場需求，當國際油價降時，雙方合作採「不降價」策略，雙方可以獲得利潤5，如果雙方同時採「降價」，大家獲利較低為2。如果一方採「降價」，另外一方採「不降價」，由於消費者大都會向油價較低的公司加油，所以採降價的一方會獲得較高的利潤6，而採不降價的一方只會獲得較低的利潤1，建構的報酬矩陣如表4.6：

▶ 表 4.6 油價隱性勾結

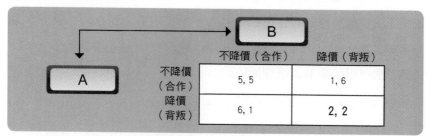

	不降價（合作）	降價（背叛）
不降價（合作）	5, 5	1, 6
降價（背叛）	6, 1	**2, 2**

　　這賽局的純粹策略納許均衡解為（降價，降價）＝（2，2）。不降價是雙方較大的利潤，由於會不信任對方，怕對方採降價而自己採不降價時，自己會損失非常大，最終雙方都會採降價，於是進入類似「囚犯困境」。但是如果他們會經歷無限次同樣的賽局，他們每次還是會同時降價嗎？

　　假定國際油價隨時都會變動，一段時間就會下跌，國內A、B兩家石油公司也會決定調降油價，這兩家公司會無止境的面對油價要不要調降的決策，我們以無限次的重複賽局來分析他們會不會合作勾結——聯合不降價。

　　首先分析有人釋出善意，但另一方不領情，最後雙方一直無止境的陷入「囚犯困境」。從表4.7分析，當雙方第一期進入「囚犯困境」賽局時，雙方都會採「背叛」策略，雙方得報酬為2，當第二期B開始採用「合作」的策略（釋放出合作的訊息）而A還是採「背叛」，B獲得1而A獲得6。由於第二期B釋放出合作的訊息，如果第三期A方還是採「背叛」，B又獲得1而A又獲得6。B會覺得A是狗咬呂洞賓，不識好人心，

於是在第四期又回到背叛的選擇，雙方又回到最差的報酬2，然後一直延續下去。假設每期的投資報酬率為r，折扣因子（discount factor）設定參數$\delta = \frac{1}{1+r}$，從$n=2$第二期到第n期$n=\infty$，這是無窮級數，根據上節方法可以計算 出A1的報酬：

$$A1 = 2 + 6\delta + 6\delta^2 + 2\delta^3 + 2\delta^4 + 2\delta^5 + 2\delta^6 + \cdots$$

$$= 2 + 6(\delta + \delta^2) + 2\delta^2(\delta + \delta^2 + \delta^3 + \delta^4 \cdots)$$

上節已計算$(\delta + \delta^2 + \delta^3 + \delta^4 \cdots) = \frac{\delta}{1-\delta} = \frac{1}{r}$，$\delta = \frac{1}{1+r}$ 代入上式得

$$A1 = 2 + 6\left(\frac{1}{1+r} + \left(\frac{1}{1+r}\right)^2\right) + 2\left(\frac{1}{1+r}\right)^2\left(\frac{1}{r}\right)$$

$$= 2 + \frac{6r^2 + 14r + 2}{(1+r)^2 r}$$

▶ 表 4.7　第二期B釋放出合作的訊息A不接受合作的報酬表

	第一期報酬	第二期報酬	第三期報酬	第四期報酬	‧‧‧‧‧
A	2（背叛）	6（背叛）	6（背叛）	2（背叛）	2,2,2,2,......
B	2（背叛）	1（合作）	1（合作）	2（背叛）	2,2,2,2,......

▶ 表 4.8　第二期B釋放出合作的訊息A接受合作的報酬表

	第一期報酬	第二期報酬	第三期報酬	第四期報酬	‧‧‧‧‧
A	2（背叛）	6（背叛）	5（合作）	5（合作）	5,5,5,5,......
B	2（背叛）	1（合作）	5（合作）	5（合作）	5,5,5,5......

從表4.8分析，B釋放善意而A接受的情況：當雙方第一期進入「囚犯困境」賽局時，雙方都會採「背叛」策略，雙方得報酬為2，當第二期B開始採用「合作」的策略（釋放出合作的訊息）而A還是採「背叛」，B獲得1而A獲得6。由於第二期B釋放出合作的訊息，如果第三期A方接受善意於是改採「合作」，雙方得到較好的報酬5，然後一直延續下去。這是無窮級數根據上節方法，同樣地可以計算A2的報酬：

可以計算出A2的報酬：

$$A2=2+6\delta+5\delta^2+5\delta^3+5\delta^4+5\delta^5+5\delta^6+\cdots$$
$$=2+6\delta+5\delta(\delta+\delta^2+\delta^3+\delta^4\cdots)$$

上節已計算 $(\delta+\delta^2+\delta^3+\delta^4\cdots)=\dfrac{\delta}{1-\delta}=\dfrac{1}{r}$，$\delta=\dfrac{1}{1+r}$

代入上式得 $A2=2+6(\dfrac{1}{1+r})+5(\dfrac{1}{1+r})(\dfrac{1}{r})=2+\dfrac{6r+5}{(1+r)r}$

假定「A公司接受B公司的善意採合作（不降價）的報酬」大於「A公司不接受B公司的善意採背叛（降價）的報酬」，A2＞A1：

$$2+\frac{6r+5}{(1+r)r}>2+\frac{6r^2+14r+2}{(1+r)^2r}\to 6r+5>\frac{6r^2+14r+2}{(1+r)}$$
$$\to 11r+5>14r+2\to r<1。$$

由上計算比較後，知道每一期的投資報酬率r要小於100%，A公司接受B公司的善意採合作（不降價）的報酬就會大於不接受B公司的善意採不合作（降價）的報酬，於是A公司會接受B公司的善意採合作（不降價）的策略。但是只要投資報酬率大於100%，A公司就不會接受B公

司的善意，一直採不合作（降價）的策略。以長期無限次的重複賽局來看，要到達每次投資報酬率均大於100％情形較不可能，所以A公司還是會採合作（不降價）的策略，由於雙方都會想達到報酬最大的結果，所以A、B兩家石油公司會達到一個隱性的勾結（tacit collusion）——「不調降油價」，最後受害者是消費者。

我們發現如果A、B兩家石油公司要達到勾結，政府會有措施來防制這類情事發生，以免影響消費者的權益，就像政府會請販賣油品公司制定「國內汽、柴油浮動油價調整機制」，這調價指標為：「以Platts報導之Dubai 及Brent均價，分別以70％及30％權重計算（70％Dubai＋30％Brent），取小數二位，採四捨五入。」有了這定價的機制，販賣油品公司間就無法達到隱性的勾結，就現在的油價來看，政府的措施似乎慢半拍。

4.3 西線無戰事賽局

1914年第一次世界大戰揭開序幕，德軍攻克比利時等國，準備挺進法國，卻在巴黎東邊幾十里外的馬恩河（Marne）上被英法聯軍擋住。雙方展開「陣地壕溝戰」，後來戰事呈現膠著狀態，於是雙方建造防禦工事互相對峙，這兩道壕溝防線相互平行，延伸極快，從英吉利海峽邊的佛蘭德斯地區（Flanders），一直延伸抵達瑞士邊境，雙方的防禦線當時稱為「西線」（Western Front）。

戰爭初期兩軍在西線裡互相廝殺，雙方挖掘壕溝建立防線，當德軍跳出壕溝發起進攻，聯軍有壕溝做為防護物，於是造成德軍大量人員傷

亡，久攻不下後撤退。聯軍見狀，跳出壕溝乘勝追擊，德軍逃回壕溝，因為有壕溝防護，換聯軍大量傷亡，聯軍又退回壕溝，這樣一來一往，誰也得不到好處，經過了三年半，有趣的事發生了，雙方的士兵開始僵持在西線，誰都不想開槍攻擊對方，於是形成「西線無戰事」的特殊景象。

Robert Axelrod認為：從短期來看，敵對雙方士兵的最佳選擇為發起攻擊，只要發起攻擊（不與敵方合作），不論對方是否還擊？都會得到最大利益。由於雙方都不願意停止攻擊，於是陷入「囚犯困境」之中，如表4.9。

▶ 表 4.9　西線無戰事的困境

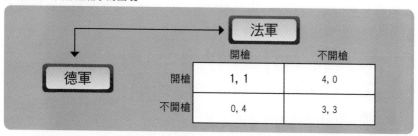

由於雙方不可能私底下協議，互不攻擊的合作現象是如何演變而成的？ Axelrod的解釋是：「單期賽局的困境轉變為重複賽局時，雙方的困境會被突破，因此形成西線無戰事的面局。」

在短期的賽局裡，不合作的一方會遭受到對方的報復，整體來看損失不大，所以會採不合作的策略。但在長期的重複賽局裡，如果對方報復讓你得到的損失，長期來看是非常的大。你可能會釋放出合作的訊息，某幾期合作，來換取對方的合作，「隱性的勾結」就會形成，分析如下：

　　首先分析有人釋出善意，但另一方不領情，最後雙方一直無止境的陷入「囚犯困境」。從表4.10分析，當雙方第一期進入「囚犯困境」賽局時，雙方都會採「開槍」策略，雙方得報酬為1，當第二期法軍開始採用「不開槍」的策略（釋放出合作的訊息）而德軍還是採「開槍」，法軍獲得0而德軍獲得4。由於第二期法軍釋放出合作的訊息，如果第三期德軍方還是採「開槍」，法軍又獲得0而德軍又獲得4。法軍會覺得德軍是狗咬呂洞賓，不識好人心，於是在第四期重回報復（開槍）的策略，於是德軍又回到開槍的選擇，雙方又回到最差的報酬1，然後一直延續下去。假設每期的投資報酬率為r，折扣因子（discount factor）設定參數 $\delta = \dfrac{1}{1+r}$，從$n=2$第二期到第n期$n=\infty$，這是無窮級數根據上節方法可以計算出德軍的報酬：

$$1+4\delta+4\delta^2+(1)\delta^3+(1)\delta^4+(1)\delta^5+(1)\delta^6+\cdots$$
$$=1+4(\delta+\delta^2)+(1)\delta^2(\delta+\delta^2+\delta^3+\delta^4+\cdots)$$

上節已計算 $(\delta+\delta^2+\delta^3+\delta^4+\cdots)$

$$=\frac{\delta}{1+\delta}=\frac{1}{r}, \quad \delta=\frac{1}{1+r}, \quad 代入上式得$$
$$1+4\left(\frac{1}{1+r}+\left(\frac{1}{1+r}\right)^2\right)+(1)\left(\frac{1}{1+r}\right)^2\left(\frac{1}{r}\right)$$
$$=1+\frac{4r^2+9r+1}{(1+r)^2 r}$$

▶ 表 4.10　第二期法軍釋放出合作的訊息德軍不接受合作的報酬表

	第一期報酬	第二期報酬	第三期報酬	第四期報酬	‧‧‧‧‧
德軍	1（開槍）	4（開槍）	4（開槍）	1（開槍）	1, 1, 1, 1……
法軍	1（開槍）	0（不開槍）	0（不開槍）	1（開槍）	1, 1, 1, 1……

▶ 表 4.11 第二期法軍釋放出合作的訊息德軍接受合作的報酬表

	第一期報酬	第二期報酬	第三期報酬	第四期報酬	‧‧‧‧‧‧
德軍	1（開槍）	4（開槍）	3（不開槍）	3（不開槍）	3, 3, 3, 3,…
法軍	1（開槍）	0（不開槍）	3（不開槍）	3（不開槍）	3, 3, 3, 3,…

　　從表4.11分析，法軍釋放善意而德軍接受合作的情況：當雙方第一期進入「囚犯困境」賽局時，雙方都會採「開槍」策略，雙方得報酬為1，當第二期法軍開始採用「不開槍」的策略（釋放出合作的訊息）而德軍還是採「開槍」，法軍獲得0而德軍獲得4。由於第二期法軍釋放出合作的訊息，如果第三期德軍接受善意於是改採「不開槍」，雙方得到較好的報酬3，然後一直延續下去。這是無窮級數根據上節方法，同樣地可以計算德軍的報酬：

$$1+4\delta+3\delta^2+3\delta^3+3\delta^4+3\delta^5+3\delta^6+\cdots$$

$$=1+4\delta+3\delta(\delta+\delta^2+\delta^3+\delta^4+\cdots)$$

上節已計算 $(\delta+\delta^2+\delta^3+\delta^4+\cdots)=\dfrac{\delta}{1-\delta}=\dfrac{1}{r}$，$\delta=\dfrac{1}{1+r}$

代入上式得 $1+4(\dfrac{1}{1+r})+3(\dfrac{1}{1+r})(\dfrac{1}{r})=1+\dfrac{4r+3}{(1+r)r}$

　　假設「德軍接受法軍的善意採合作（不開槍）的報酬」大於「採背叛（開槍）的報酬」，即 $\dfrac{4r+3}{(1+r)r}>\dfrac{4r^2+9r+1}{(1+r)^2r}$

$$\to 4r+3>\dfrac{4r^2+9r+1}{(1+r)}\to 4r+3>\dfrac{4r^2+9r+1}{(1+r)}$$

$$\to 7r+3>9r+1$$

$$\therefore r<\dfrac{2}{3}=0.666$$

　　由上計算比較後，知道每一期的投資報酬率只要小於66.66%，德軍採不開槍的報酬就會大於採開槍的報酬，除非投資報報酬率大於66.66%，德軍才會採開槍，以長期無限次的重複賽局來看，德軍會接受法軍的善意採合作（不開槍）的策略，由於雙方都會想達到報酬最大的結果，所以德軍和法軍的士兵會達到一個隱性的勾結（tacit collusion）──形成西線無戰事的情境。由於雙方可以透過善意的試探，經過幾次的磨合後，會達一個雙方互惠合作的結果。

　　我們可以分析在戰場上，兩軍對峙初期或許會互相爭奪要塞，攻擊對方，但是如果對抗過久，雙方都得不到好處時，指揮官或許想進攻，但是士兵的戰鬥意圖會漸漸削弱，因為不知道這場戰爭要打到何時？進攻不一定得到好處，只要固守陣地，就不會死在沙場上，於是德軍與法軍彼此都理性地選擇「好死不如賴活」決策。

4.4 剪刀石頭布重複賽局

　　有一位國小一年級學生和同學玩剪刀石頭布賽局，發現採用以牙還牙策略（Tit-for-Tat：TFT）可以贏同學較多次，當時的班長還嘖嘖稱奇，以下解釋為什麼會贏。

　　我們在上節證明如果是「囚犯困境」賽局進行長期的賽局，以牙還牙策略（Tit-for-Tat：TFT）的報酬是最高的。如果雙人賽局不是屬於「囚犯困境」的賽局，而殊死戰的零和賽局，用TFT的報酬還是最高的嗎？我們利用第三章的阿西與阿東雙人猜拳的報酬矩陣如表4.12，來玩無限次的猜拳比賽，比賽前限定雙方策略規則如下：

1. 阿西一直想贏上期阿東出的策略，例如：阿東上一期出「石頭」，阿西下一期會出「布」。

2. 阿東用TFT策略，採用阿西上期出的策略來出拳。例如：阿西上一期出「剪刀」，阿東下一期就出「剪刀」。

▶ 表 4.12 雙人猜拳的報酬矩陣表

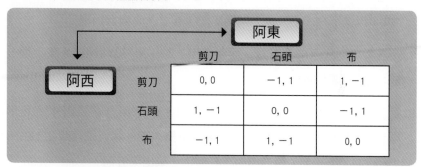

以下開始玩重複的猜拳賽局：

1. 假定第一期阿西出「石頭」，阿東出「剪刀」，第一期結果：阿東輸。

2. 阿西會想阿東上期輸，猜阿東第二期一定會出「布」來贏我的「石頭」，所以阿西第二期出「剪刀」來贏阿東出的「布」。但是實際第二期阿東用TFT，用第一期（上一期）阿西出的「石頭」，來出第二期。

3. 於是第二期阿西出「剪刀」而阿東出「石頭」，第二期結果：阿東贏阿西。

4. 第三期阿西會想：阿東上期出「石頭」贏，於是第三期猜阿東還是出「石頭」，於是第三期阿西出「布」想贏阿東「石頭」。但是第三期

阿東用TFT，用第二期（上一期）阿西出的「剪刀」，來出第三期。

5. 於是第三期阿西出「布」而阿東出「剪刀」， 第三期結果和上期一樣：阿東又贏阿西。

6. 第四期阿西會想上期阿東出「剪刀」贏，於是第四期猜阿東還是出「剪刀」，於是阿西出「石頭」想贏阿東第四期。第四期阿東用TFT，以第三期（上一期）阿西出的「布」，來出第四期。

7. 於是第四期阿西出「石頭」而阿東出「布」， 第四期結果和上期一樣：阿東又贏阿西。

8. 第五期阿西會想上期阿東出「布」贏，於是第五期猜阿東還是出「布」，於是阿西「剪刀」想贏阿東第五期。第五期阿東用TFT，以第四期（上一期）阿西出的「石頭」，來出第五期。

9. 於是第五期阿西出「剪刀」而阿東出「石頭」， 第五期結果和上期一樣：阿東贏阿西。

10. 第六期阿西會想上期阿東出「石頭」贏，於是第六期猜阿東還是出「石頭」，於是阿西出「布」想贏阿東第六期。第六期阿東用TFT，以第五期（上一期）阿西出的「剪刀」，來出第六期。

11. 於是第六期阿西出「布」而阿東出「剪刀」， 第六期結果和上期一樣：阿東贏阿西。

　　以上賽局的第二期到第六期的結果一樣，只要阿西一直想贏上期阿

東出的策略，而阿東只要用TFT策略，這演算法會一直重複下去，阿東會一直贏阿西。阿西怎麼辦？總不能當一輩子的光叔（光輪）。

第三章算出阿西與阿東玩剪刀石頭布賽局的混合策略納許均衡為（1/3，1/3，1/3），雙方的「剪刀」「石頭」「布」三個策略的均衡機率各為1/3，阿西要用混合策略的方法，也就是用隨機亂數的方式來決定每一期出手的策略，機率「剪刀」＝1/3、「石頭」＝1/3、「剪刀」＝1/3。這樣阿東就無法一直當常勝將軍了。

從以上例子發現：不只是「囚犯困境」的賽局，如果在限定的條件下，參賽者採用「TFT策略」一樣可以獲得較高的報酬。

▶ 問題與討論

1.2011年希臘倒債危機，德國、法國等重要歐盟領袖不斷的召開高峰會，希望讓這倒債危機解套。我們發現歐盟國成員如果發生債務危機或經濟問題時，雖然其它經濟狀況較好的歐盟國，如德國、法國等，初期它們都不願意撥大筆的資金去救財政困難的歐盟國，但經過幾次的高峰會後，總是能通過「歐元紓困的方案」來救弱勢的歐盟國。假定初期歐盟國德國及法國進入一個「撥款困境」報酬如下表：

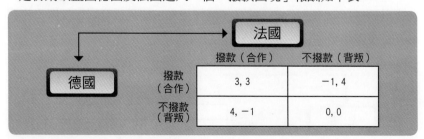

		法國	
		撥款（合作）	不撥款（背叛）
德國	撥款（合作）	3, 3	−1, 4
	不撥款（背叛）	4, −1	0, 0

	第一期報酬	第二期報酬	第三期報酬	第四期報酬	‥‥‥
法國	2（不撥款）	6（不撥款）	6（不撥款）	2（不撥款）	2, 2, 2, 2,…
德國	2（不撥款）	1（撥款）	1（撥款）	2（不撥款）	2, 2, 2, 2,…

▶ 第二期德國釋放出合作的訊息法國不接受合作的報酬表

	第一期報酬	第二期報酬	第三期報酬	第四期報酬	‥‥‥
法國	2（不撥款）	6（不撥款）	5（撥款）	5（撥款）	5, 5, 5, 5,…
德國	2（不撥款）	1（撥款）	5（撥款）	5（撥款）	5, 5, 5, 5,…

▶ 第二期德國釋放出合作的訊息法國接受合作的報酬表

以無限次的重複賽局來分析他們為什麼會達到隱性勾結——「聯合撥款」？

2.在第二章的台灣軍售賽局中，美國對台軍售F－16戰機，台灣要買性能較好的F－16C/D型，而美國受外力的影響只賣性能較差的F－16A/B型。雙方的報酬矩陣如下表，這賽局的純粹納許均衡為（A/B型，A/B型）＝（－15, 10）。由於台灣有能力買C/D型的戰機，而美方也可以賣C/D型的戰機，但是礙於外力的阻撓，所以這賽局最終的結果：美方只限於賣台灣A/B型的戰機。台灣的武器自製能力可能一時無法趕上美國，所以軍售賽局可能會經歷好幾次。如果這賽局以無限重複賽局來分析，美國是否會賣C/D型的戰機？

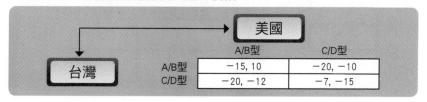

3.第二章勵志賽局裡，聾啞的女孩與姐姐的策略組合與報酬假定為以下
的報酬矩陣：

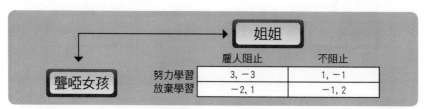

如果聾啞的女孩一直和姐姐競爭，而且不間斷，請用無限次重複賽局來
分析這賽局，並解釋為什麼初期姐姐會不阻止，但長期姐姐就會阻止？

4.大家都聽過「放羊孩子」的故事，孩子喜歡說謊，第一次村民被騙。
第二次狼真的來了，雖然孩子沒說謊，但村民不相信放羊孩子，於是
孩子吃了苦頭，但以後孩子就不再說謊，而村民也採相信的策略，請
用無限次重複賽局來解說為什麼？

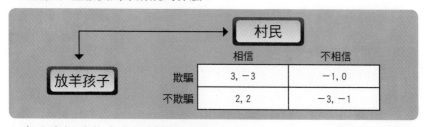

5.在公寓裡分住在上下樓層的兩個家庭（A、B），A家庭經常嫌B家
庭太吵，B家庭經常嫌A家庭太龜毛，於是形成一個「擾鄰賽局」如
下表：

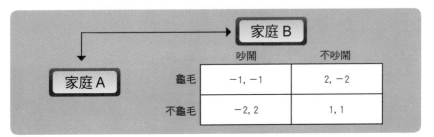

這賽局第一期的納許純粹均衡為（龜毛，吵鬧），以無限次的重複賽局來分析他們為什麼最後會達到合作的選擇——（不龜毛，不吵鬧）的選擇？雙方各退一步，和平相處下去。

【第五章】 策略先後順序的樹狀賽局

	完全訊息	不完全訊息
靜態	純粹策略納許均衡NE	貝氏納許均衡BNE
動態	**子賽局完美納許均衡SPNE**	貝氏完美納許均衡PBNE

　　前面的章節假設參賽者的行動是同時發生，參賽者在出手前無法看到對方用的策略是什麼？也不知道對手的偏好是什麼？無法觀察到這些訊息，這種是策略同步賽局，也叫「靜態賽局」。但是如果參賽者的策略出手有先後順序，第二位參賽者做決策前，知道第一位參賽者先出手的策略及訊息，然後再出手，我們稱這賽局為策略依序賽局（squential game），也叫「動態賽局」。例如在第二章中的珍珠奶茶賽局，國王太太的珍珠奶茶店先進入商圈營業，它佔有大部份的市場，當橘子坊進入這市場要和國王太太分一杯羹時，國王太太要決定用低價或原價對付橘子坊進入或不進入的決策。橘子坊先選擇進入或不進入的選擇，接著國王太太再選擇原價或低價加以對應，這種賽局參賽者雙方的策略選擇有一前一後，我們稱這賽局為動態賽局。

　　動態賽局中有先行者優勢及後行者優勢，市場進入賽局具有先行者優勢，先進入這市場會佔有較大優勢及利潤。而平板電腦大戰賽局具有後行者優勢，大公司（先行者）耗費大量資金去研發新科技，小公司（後行者）觀察到先行者成功與否？以搭便車的策略再進入市場搶食大餅。這章用樹狀圖的方式來表示參賽者間的互動關係，並且利用它描述

賽局中每位參賽者在每一決策點上所能獲得的訊息，以及分析雙方的最適策略。

5.1　進入市場障礙賽局

　　國內大賣場非常多，知名的有小潤發及家福樂等等，現在有一個全連社要搶攻大賣場的市場，打出「幫您省錢」的口號，以低價策略來搶攻市場。小潤發面對新競爭對手，思考著要採用低價或原價，才能逼全連社退出市場？假設全台灣有20家小潤發，每一區域的小潤發都會面對全連社進入市場搶食，每一個區域市場都會進行一個子賽局，小潤發逼退全連社，雙方互動報酬建構成以下的報酬矩陣表5.1：

▶ 表 5.1　進入市場障礙賽局報酬矩陣

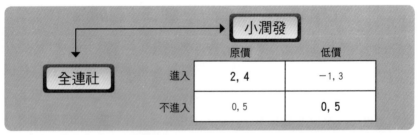

　　如果這賽局雙方同時出手，會有兩個純粹策略納許均衡（進入，原價）＝（2，4），（不進入，低價）＝（0，5）。但是可以看到全連社一家家的進入市場。可看出雙方出手是有先後順序的情況，全連社先決定要不要進入市場，小潤發再決定是否要採原價或低價的策略？可以將以上雙方先後出手的報酬，以擴張型式賽局（Extensive Form Game）呈

現，它是一個樹枝狀的結構，其包含下列要素：

　　1.玩家 i＝1, 2, …, n；

　　2.節點（node）：何時可以行動的玩家。

　　3.分支（branch）：玩家行動時可採取的策略。

　　4.資訊集合（information set）：參賽者行動時，可不可以觀察到對手的策略，如果可以觀察到對手的策略（完全信息），就沒有資訊集合。如果不能觀察到對手的策略（不完全信息），就會有資訊集合。所以資訊集合具有遮斷信息的功能，在有「先後順序」的擴展型式賽局當中，讓您無法看到對手的出手策略。

　　5.終點（end node）：所有玩家所有可能選取策略的互動組合以及各玩家因互動得到的報酬，它們在樹狀結構的最終點（end node）。

　　我們將以上進入市場賽局以樹狀型式表示如圖5.1：

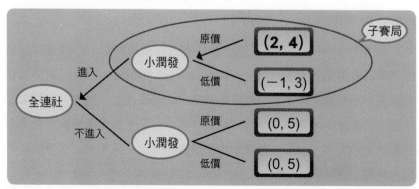

▶ 圖 5.1　進入市場障礙樹狀型式賽局

　　這樹狀的賽局中可能會有許多的小樹枝，這小樹枝叫做子賽局。這樹枝同樣有分支（branch）及節點（node），它是由參賽者及其可以選擇的策略構成的一個子賽局（subgame）。

　　我們用「倒推法」（backward induction）來求解這賽局的納許均衡，這方法也叫「逆向歸納法」，它是從後面的策略組合往前推，找出雙方的最適反應。在樹狀賽局中，先看上方子賽局，去比較小潤發的報酬，小潤發採用原價的報酬為4，而採用低價的報酬為3，所以它會採用較佳的策略——原價。接著看下方的子賽局，小潤發採原價及低價的報酬都是5。將上方的子賽局較佳的報酬組合（2，4）往前推，下方子賽局的較佳的子賽局較佳的報酬組合（0，5）往前推，然後再比較全連社的報酬，全連社選擇進入的報酬為2，不進入的報酬為0，所以全連社會選擇較佳的策略——進入，這賽局雙方策略的均衡為（進入，原價），也就是全連社選擇「進入」，而小潤發選擇「原價」，均衡在上方子賽局的報酬組合 （2，4），這均衡叫子賽局完美納許均衡（Subgame Perfect Nash Equilibrium： SPNE）。

　　如果在20家小潤發都面對全連社進入市場的賽局，小潤發採低價逼退全連社的方式是不可信（non－credible）的策略，因為面對全連社的進入，小潤發維持原價是最好的策略，這現象是諾貝爾獎得主薛爾頓提出的「連鎖店矛盾」（Chain Store Paradox），這矛盾在於小潤發面對新的競爭對手，必須以原價來維持雙贏的局面，而不是逼退對手享有獨占利潤。價格戰的策略（0，5）在SPNE的檢驗下成了「空洞的威脅」（empty threat）。

5.2　借貸賽局（道德障礙）

美國有些小銀行為賺取較高的貸款利率，於是向大銀行借錢，再轉借給那些信用程度較差，及還款能力比較弱的購屋者。2007年美國房市景氣持續低迷，聯準會為了抑制通膨壓力持續升息（貸款利息），導致小銀行及民間貸款者還款壓力大增，造成次級房貸違約率大幅攀升，一些資金不足及體質不健全，以經營次級房貸為主的小銀行紛紛倒閉，最後造成金融風暴。這些銀行將錢給借款人，難道都沒有考慮還款的能力嗎？以下分析借貸間互動的賽局。

當我們手中沒有現金，但又需要一筆很大金額去買房子時，就會向銀行借錢。銀行會依你買房子的貸款額度大小，將貸款金額預借給你，如果你能按月支付本金及利息，銀行獲得利潤，就能達到你和銀行雙贏的結果。但是當你還不出錢來時，宣告破產，銀行有權力向你求償，因此你抵押的房子會遭到法院拍賣，如果你房子的市價低於貸款金額，銀行就會虧錢。銀行和你是一種借貸關係，我們可以用一個簡易的「借貸賽局」來分析「放款人」和「借款人」間互動情況。

設定有二個玩家：放款人——銀行（玩家1）和借款人——你（玩家2），你的房子現值為200萬，拍賣後的價值降為100萬，銀行審核你的房子，決定三種貸款額度：0元（不貸給你）、120萬元及150萬元，玩家1（銀行）的報酬計算如下：

$$\left\{ \begin{array}{l} 0 \qquad\qquad\qquad\qquad \rightarrow 0 \\ 120 \rightarrow 銀行貸120萬，銀行獲得20年本金加利息25萬，你不還就失\\ \qquad\quad 去120－100＝20萬 \\ 150 \rightarrow 銀行貸150萬，銀行獲得20年本金加利息50萬，你不還就失\\ \qquad\quad 去150－100＝50萬 \end{array} \right\}$$

玩家2（你）的報酬：

$$\left\{ \begin{array}{l} 0 \qquad\qquad\qquad\qquad \rightarrow 0 \\ 120 \rightarrow 如果銀行貸給你120萬，你還，你就獲得35萬，如果你不還\\ \qquad\quad 就得到20萬 \\ 150 \rightarrow 如果銀行貸給你150萬，你還，你就獲得45萬，如果你不還\\ \qquad\quad 就得到50萬 \end{array} \right\}$$

我們將雙方的互動報酬建立一個樹狀圖（如圖5.2）：

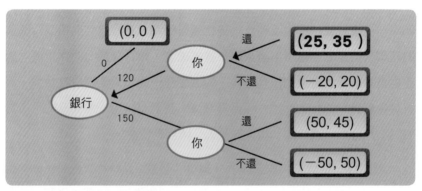

▶ 圖 5.2　借貸賽局的樹狀報酬圖

　　用倒推法可以找到這樹狀報酬圖的子賽局完美均衡為（銀行貸給你120萬，你選擇按月支付），雙方報酬為（25，35）。銀行貸給你120萬，如果你還銀行，銀行會獲利25萬，你獲得35萬。銀行貸給你150萬，如果你還銀行，銀行會獲利50萬，你獲得45萬，但為什麼銀行會貸

給你120萬而不是150萬？原因出在：銀行貸了150萬如果你不還，而抵押房子的市價又低於貸款金額時，它會損失50萬，相對你會獲利50萬。而銀行貸了120萬如果你不還，它只會損失20 萬，而你會獲利20萬。因此，銀行會懷疑你是否會為了信譽而持續支付每月的本金和利息？這種懷疑你是否有道德良心？叫做「道德障礙」（Moral Hazard）。銀行有了這障礙就會選擇貸你120萬，而不是較高的150萬。

　　這種道德障礙發生在日常生活中非常的多，尤其是政府機構，如果沒有道德障礙，會造成公共資源的浪費，例如：全民健保造成醫療資源的浪費及綠島地區的免費電費等等。所以在制定公共政策時我們要考量「道德障礙」的問題，20年前台灣還沒有全民健保時，不用繳健保費，普通人感冒生病到小診所看病，都要付350元的醫藥費，大家都會儘量少看病來節省醫藥費。全民健保開辦後，大家按收入所得繳健保費，小診所看病只要付150元的掛號費，於是大家只要有小病，不管嚴不嚴重，都儘量多看病，剩下的藥品就會被丟棄，如此下來造成醫療資源的浪費。如果沒有考量道德問題就會形成公共財產的浪費，政府為解決這問題，於是研擬「二代健保」的改進方案，多次重複就醫的保險人，予以管制，但是全民健保實施後就像潑出去的水，很難收回，二代健保的成效是否可阻止公共財的浪費？讓我們拭目以待。

5.3 破釜沉舟賽局

　　秦朝末年，各國起義，秦國大將軍王離率大軍攻打趙國，十五萬大軍把趙國巨鹿城團團圍住，楚懷王派項羽帶領八萬人馬去救趙國。楚軍

全部渡過漳河以後，項羽讓士兵們吃飽了一頓飯，每人再帶三天乾糧，然後傳下命令：把渡河的船（古代稱舟）鑿穿沉入河裡，把做飯用的鍋（古代稱釜）打破並丟棄，把不必要的裝備都放火燒掉。項羽讓官士兵知道他們只有前進沒有退路，營造全軍必勝的決心。

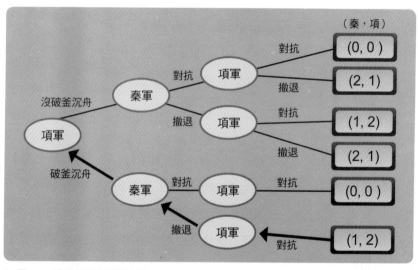

▶ 圖 5.3　破釜沉舟賽局樹狀圖

　　由於項羽「破釜沉舟」的決心，最後以少勝多大破秦軍，是什麼原因讓他獲勝？我們依據當時雙方的互動報酬建立賽局樹狀圖（如圖5.3），接著用倒推法可以找到子賽局完美均衡為：項軍採破釜沉舟，秦軍撤退，項軍對抗，雙方獲得的報酬為（1，2），秦軍採「撤退」的策略，獲得的報酬為1；項軍採「對抗」獲得的報酬為2。這破釜沉舟是項羽對楚軍的「可信承諾」，秦軍要怎麼突破項軍的「破釜沉

舟」？以下有三種方法：「斷絕訊息、圍師必闕及臘腸策略（salami tactics）」。

5.3.1 斷絕訊息

　　秦軍使用斷絕通訊的方法，讓項軍的部隊無法互相聯絡，使項軍的所有官士兵無法連成一氣。因此，可以讓下方的子賽局不會發生（如下圖5.4灰色部份），子賽局完美均衡會落在：｛沒破釜沉舟，秦軍對抗，項軍撤退｝雙方報酬為：（2，1）。項軍的報酬由原本採「對抗」得到2的報酬，降為採「撤退」的1。相反地，秦軍的報酬由採「撤退」的1升到採「對抗」的2。

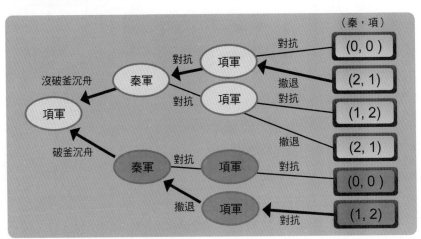

▶ 圖 5.4　秦軍斷絕訊息後的賽局樹狀圖

5.3.2 圍師必闕

　　這策略在孫子兵法中可以看到，這方法是留條退路給項軍，讓項軍

知道除了誓死抵抗之外，還有另一條撤退的路可以選擇，而且撤退的報酬提高為1.1。我們在下方的子賽局中，項軍加入另一個選項——撤退（如下圖5.5粗線）。因此，子賽局完美均衡落在（破釜沉舟，秦軍對抗，項軍撤退），秦軍的報酬升為2.1，而項軍的報酬降為1.1。

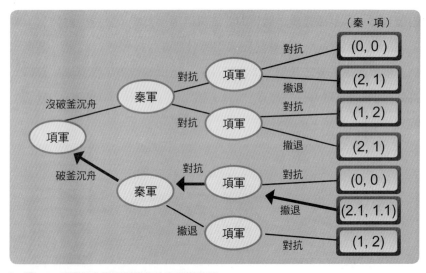

▶ 圖 5.5 項軍加入撤退選項後的賽局樹狀圖

5.3.3 臘腸策略（salami tactics）

　　諾貝爾獎得主薛林描述什麼是臘腸策略？他舉一個例子，7歲小孩快樂地在游泳池邊玩水，媽媽怕小孩游走到水深的地方溺斃，於是禁止小孩下水池。過了5分鐘小孩走到池邊正準備下水時，被媽媽看到，媽媽立刻斥責小孩，小孩立即退後不敢進入泳池。再過5分鐘後，小孩趁媽媽不注意的時候，偷偷地坐在池邊玩水，媽媽看到後再提醒小孩不准

下水喔！小孩也答應。但是再過5分鐘，小孩又偷偷地跳下池裡，在池邊游泳，媽媽生氣地說：不是跟你說不能下水嗎？小孩趕緊跳上岸，再過5分鐘小孩又偷偷地跳下池裡，在池邊游泳，媽媽開始厭煩對小孩不斷的警告，於是告訴小孩：中間水深只能在池邊游泳喔！如此小孩一點一點的削弱媽媽「不准下水」堅定的信念，就像將臘腸一片一片的被削下般，所以叫「臘腸策略」。

　　秦軍如何逐次的削弱項軍「破釜沉舟」的氣勢？運用下方的子賽局分析，如果運用臘腸策略會從第一次的子賽局到第四次的子賽局，逐漸增加秦軍「小規模對抗」，由第一次增加到第四次對抗，秦軍的報酬由1增加到1.1；而項軍對抗的報酬慢慢地減少，由1降到0；項軍撤退的報酬慢慢地的增加，由0.2升到1.1，如下圖5.6（a）到5.6（d）。在第四次小規模對抗中，如圖5.6（d）最後會瓦解項軍「破釜沉舟」的意志力，子賽局完美均衡落在﹛破釜沉舟，秦軍小規模對抗，項軍撤退﹜，同樣地，秦軍的報酬為升為1.1，而項軍的報酬降為1.1。

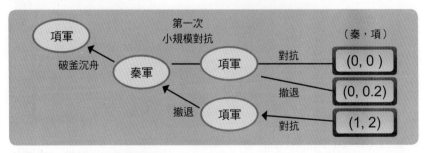

▶ 圖 5.6（a） 第一次小規模對抗

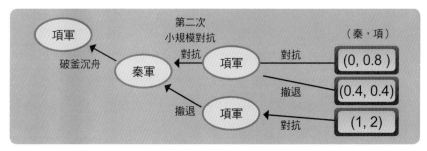

▶ 圖 5.6（b）第二次小規模對抗

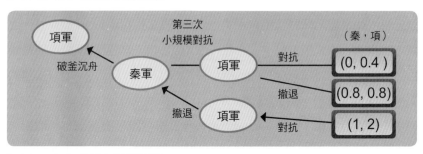

▶ 圖 5.6（c）第三次小規模對抗

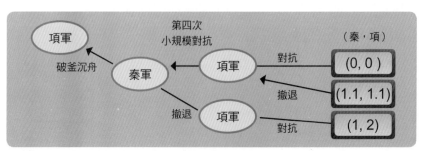

▶ 圖 5.6（d）第四次小規模對抗，雙方均衡改變

5.4 先行者優勢（First mover advantages）──男女約會賽局

第二章介紹的男女約會賽局，如果是同步出手賽局，這賽局有兩

個純粹納許均衡：（電影，電影）及（鋼琴演奏會，鋼琴演奏會），不是男方遷就女方，就是女方遷就男方，那到底誰要遷就誰呢？第二章表2.7的靜態完全訊息賽局可以轉換為動態完全訊息賽局，如圖5.7。圖中讓雙方的決策有先後順序，先考慮女方先出手，女方一定先選演奏會，男方看到女方的選擇後就只能選演奏會，女方報酬為2，男方報酬為1，如圖5.7箭頭粗線。如果男方先出手，男方一定先選電影，女方看到男方的選擇後就只能選電影，男方報酬為2，女方報酬為1，如圖5.8粗箭頭。所以這賽局有先行者優勢，先說先贏或先做先贏。

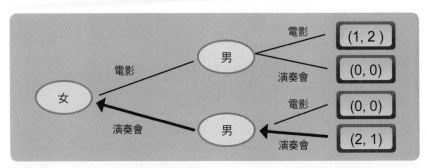

▶ 圖 5.7 女方先出手的動態完全訊息賽局

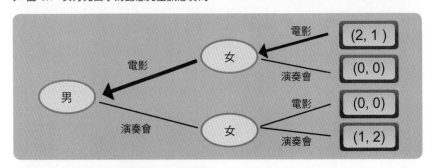

▶ 圖 5.8 男方先出手的動態完全訊息賽局

5.5 後行者優勢（Second mover advantages）
——智慧型手機大戰

市場看到大公司先推出新產品——智慧型手機，小公司就會搶搭順風車，接著也推出同類型的智慧型手機，來搶食市場的大餅，這種訊息完全的同步靜態賽局如表5.2。這種情況類似小豬勝大豬的賽局，如果我們把這同步賽局轉換成依序賽局，有兩家公司（A和H）同樣都研發相同的產品——智慧型手機，A公司的規模大於H公司的規模。它們同樣都有兩策略可以選擇：「研發及等待。」如果A公司先出手選擇，H再跟著出手選擇，它們的互動報酬樹狀圖，如圖5.9。

▶ 表 5.2　訊息完全的靜態賽局

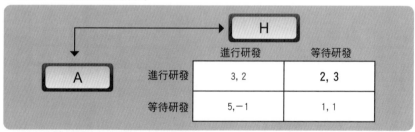

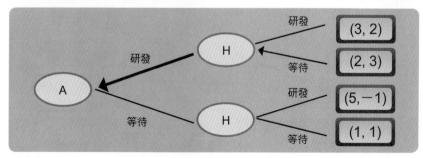

▶ 圖 5.9　A公司先出手的動態完全訊息賽局

　　我們由倒推法可以求出子賽局完美均衡在：（研發，等待）雙方報酬為（2，3），A公司選擇「研發」的策略，而H公司選擇「等待」的策略，這均衡策略對H公司較有利，它會得到報酬3，而A公司得到2。

　　如果現在反過來，由H公司先選擇，A公司接著再選擇，如圖5.10。子賽局完美均衡在：（等待，研發）雙方報酬為（2，3），H公司還是先選擇「等待」的策略，A公司接著再選擇「研發」的策略，由此可知A公司的規模大於H公司的規模，H公司必須等A公司先研發獲利會較高，因此對於H公司來說，在賽局中有後行者的優勢。

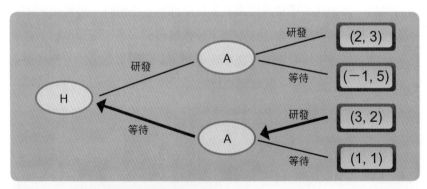

▶ 圖 5.10　H公司先出手的動態完全訊息賽局

　　在人生的歷練中，有沒有在兩人的賽局裡找不到是先行者優勢，也找不到後行者優勢的賽局？有一位母親買了一個蛋糕回家，將這蛋糕分給兩個小女兒吃。請問要如何分才會讓兩個小女兒都能接受這是公平的分法？大家都知道一人一半最公平，用什麼方法切蛋糕最公平？答案是：讓切蛋糕的小女兒後選，沒切的先選。由於選的人一定會選較大的

蛋糕，切蛋糕的小女兒後選，所以她會儘量的切中間，讓兩塊蛋糕大小
一樣，這樣是兩個小女兒都能接受的結果。

5.6 蜈蚣賽局（Centipede Game）

　　2011年德、法國兩國面臨歐洲其它小國的債務問題，之前在第四
章用重複性的賽局討論過，現在我們用依序賽局來模式化德、法兩國的
互動關係。當歐洲其它小國產生債務問題時，由於同屬歐洲共同市場的
德、法兩國，必須將資金注入其它問題國家，以解決它們的債務問題。
德、法兩國的經濟狀況較好，生活較富裕，因此，兩國人民都知道：誰
救誰倒楣，首先法國國會決定撥款去救歐洲其它小國時，德國國會知道
不救會有較好的結果，但是法國先出手救歐市時，德國後來也出手救歐
市，歐債舒緩後，沒有多久又發生歐債問題，法國又先出手，德國後來
也出手救歐市，就這樣一直持續到五次。

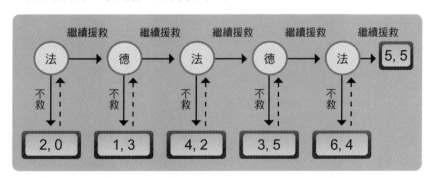

▶ 圖 5.11　德、法兩國救歐債五國的蜈蚣賽局

　　假定德、法兩國遭遇五次危機。這賽局德、法兩國依序決定五次，
如圖5.11，每一次、每一參賽者都有兩種選擇：「繼續援救歐債的國

家或不救援而退出歐元區」。在圖5.11中，第一次由法國先出手決定「繼續援救」或「不救」，接著由德國再出手決定「繼續援救」或「不救」，如果有一國決定採「不救」策略時，賽局就停止，如果採「繼續援救」就會延續下去，第一個報酬為法國所獲得，第二個報酬是德國所獲得。我們用倒推法來推算出這賽局的子賽局完美均衡：

從最後一次（第五次）比較法國的採「繼續援救」的策略或採「不救」的策略，因為「不救」報酬6大於「繼續援救」報酬5，所以法國會採「不救」的策略。

第四次由德國出手，比較德國採「繼續援救」的策略或採「不救」的策略，因為「不救」報酬5大於「繼續援救」報酬4，所以德國會採「不救」的策略。

第三次由法國出手，比較法國採「繼續援救」的策略或採「不救」的策略，因為「不救」報酬4大於「繼續援救」報酬3，所以法國會採「不救」的策略。

第二次由德國出手，比較德國採「繼續援救」的策略或採「不救」的策略，因為「不救」報酬3大於「繼續援救」報酬2，所以德國會採「不救」的策略。

第一次由法國出手，比較法國採「繼續援救」的策略或採「不救」的策略，因為「不救」報酬2大於「繼續援救」報酬1，所以法國會採「不救」的策略。

　　因此，可以找到子賽局完美均衡為法國在第一次出手時就採「不救」的策略，法國得到報酬為2；而德國報酬為0。

　　這蜈蚣賽局裡，只要雙方一直採「繼續援救」的策略，最終雙方因為合作會得到較大的利潤（5，5）。但是只要其中有一方採「不救」的策略時，在當時和下一次決定的報酬比較，可以獲得較高的報酬，例如在第二次德國出手採「不救」的策略會獲得3，法國得到0。如果德國採「繼續援救」走下去的策略，如果法國採「不救」的策略，法國得到4，而德國報酬為降為2。

　　McKelvey 和 Palfrey學者在蜈蚣賽局的實驗中，發現參與實驗的個體並沒有根據倒推法的結果（子賽局完美均衡）來選擇。按照倒推法的推理，個體應該傾向不合作，但實驗結果顯示：個體彼此之間反而選擇「合作」作為最適反應，採「繼續援救」的策略，原因是「利他」（altruistic）的因素存在。我們可以清楚的瞭解為什麼德、法兩國不會採用現況最佳的策略──「不救」，而會採用未來的雙方可能的最好結果──「繼續援救」。

▶ **問題與討論** ···

1.第二章搶劫犯困境轉換成依序賽局，如下圖：

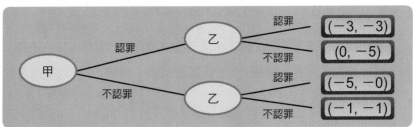

用倒推法求出子賽局完美均衡？

2.古巴飛彈危機，蘇俄(USSR)總書記赫魯雪夫暗自運送飛彈至古巴，美國(US)總統甘迺迪亦不甘示弱，下令海軍封鎖古巴。以下是美國與蘇聯面對的古巴飛彈危機，美國運用的「危機邊緣策略」(Brinkmanship)的樹狀賽局圖，請用倒推法求出子賽局完美均衡(雙方的最適策略)？

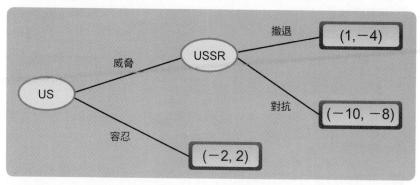

3.小豬勝大豬的賽局裡，轉換成依序賽局如下圖：

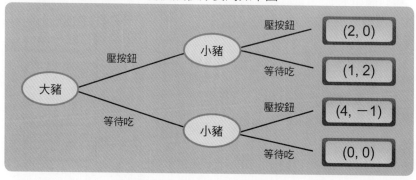

請用倒推法找出子賽局完美均衡？並說明為什麼這賽局是「後行者優勢」的賽局？

4.以下是司馬懿對上諸葛亮的空城計：第一個賽局（如下圖）為諸葛亮的兵馬實際上是比司馬懿的兵馬少，雙方的報酬樹狀圖如下：

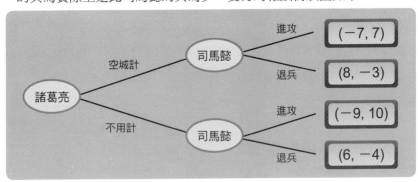

請用倒推法找出子賽局完美均衡？並說明為什麼這賽局是「後行者優勢」的賽局？

第二個賽局為諸葛亮的兵馬實際上是比司馬懿的兵馬多，雙方的報酬樹狀圖如下：

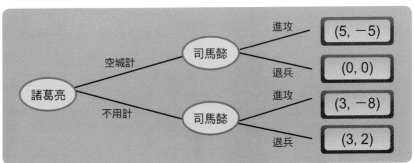

請用倒推法找出子賽局完美均衡？依據歷史的結果：諸葛亮用「空城計」的策略而司馬懿採「退兵」的策略，說明為什麼兩人不會走入兩

個賽局的子賽局完美均衡？

5.如果將德、法兩國救歐債五國的蜈蚣賽局，延伸到100次，如下圖。
圖中第一組報酬，第一個報酬是德國的2，第二個報酬是法國0。

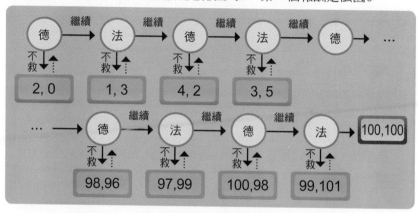

由德、法兩國100次救歐債五國的蜈蚣賽局中，求出這賽局的子賽局
完美均衡？

6.在韓戰中，北韓軍被美國和南韓聯合部隊追擊至中國邊界鴨綠江河
畔：蘇聯（player1）和 中國（player2）欲合作出兵攻擊美國為首的
聯合部隊，以幫助北韓奪回北朝鮮半島。蘇聯（player1）出戰機及武
器給中國（player2）軍隊對抗美國聯軍，此情境類似「借貸賽局」
賽局。蘇聯（player1）可以將戰機及武器裝備量交給中國的選項有
三個：0單位、50單位或150單位；另一是中國（player2）看到蘇聯
（player1）放入的量可以做兩種選擇：一是等值加入自己的武器及人
員成本加入戰局，另一當詐騙份子將蘇聯（player1）放入的戰機及武

器裝備量偷偷拿走發展自己的國防工業。得到的報酬表如下：

蘇聯（player1）的報酬表		
P1放0單位	P2加碼0單位得到0單位利潤	P2不加碼0單位也失去0單位利潤
P1放50單位	P2加碼50單位, P1得到50單位利潤	P2拿走50單位, P1損失50單位利潤
P1放150單位	P2加碼150單位, P1得到150單位利潤	P2拿走150單位, P1損失150單位利潤

中國（player2）的報酬表		
P1放0單位	P2加碼0元得到0單位利潤	P2不加碼0元也失去0單位利潤
P1放50單位	P2加碼50單位, P2得到75單位利潤	P2拿走50單位, P2得到50單位利潤
P1放150單位	P2加碼150單位, P2得到100單位利潤	P2拿走150元, P2得到150單位利潤

（1）請根據下圖用「倒推法」求出此賽局的子賽局完美均衡?

（2）請說明為何雙方不會選擇結果為雙方最大獲利的選項（150,100）?

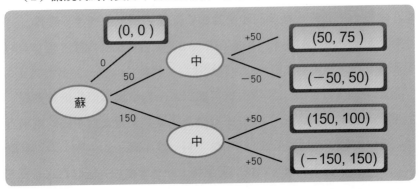

⚓ 第四部份 非合作不完全訊息賽局

	完全訊息	不完全訊息
靜態	純粹策略納許均衡NE	**貝氏納許均衡BNE**
動態	子賽局完美納許均衡SPNE	**貝氏完美納許均衡PBNE**

　　當我們和他人競爭時，有時候無法明確地知道對方是誰？更無法猜出他用的策略有那些？賽局進行時常為情況不明，誰也不知道誰的底，參賽者間的訊息不能完全的公開，大家都不知道，這種狀況是一種不完全訊息的賽局。這一章會將「不完全訊息」與「不完美訊息」作解說，以案例來介紹「哈撒意轉換」（Harsanyi Transformation），進而理解貝氏納許均衡（Bayesian Nash Equalibrium：BNE）及貝氏完美納許均衡（Perfect Bayesian Nash Equalibrium：PBNE）。

　　何謂不完全訊息及不完美訊息？賽局理論處理參賽者的互動訊息(information)結構有獨到之處，它將賽局區分完美（perfect）訊息與不完美（imperfect）訊息，以及完全（complete）訊息與不完全(incomplete)訊息等四種類型。

　　在完美訊息的賽局裡，如圖6.1（a），當對手決定策略後，參賽者知道他會在那一個節點上作決策。如果參賽者做決定時，會有一個訊息集（information set），訊息集內有兩個決策節點（node）以上，當對手決定策略後，參賽者無法決定走那一個決策節點，訊息集有「遮蔽訊息」的功能，因此這賽局對於參賽者具有不完美訊息（imperfect information），稱為不完美訊息的賽局，如圖6.1（b）。

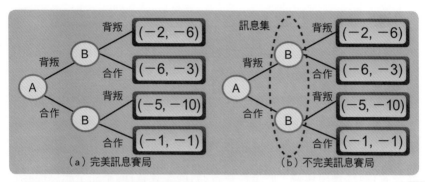

▲ 圖 6.1 不完美與完美訊息賽局的區分

而在完全訊息的賽局中，參賽者完全知道以下三種要素：

1.參賽者是誰，他是怎樣的一個人。（players）

2.所有參賽者可以選擇的行動或策略有那些。（actions）

3.所有參賽者因互動而產生的報酬函數。（payoff function）

如果賽局中的參賽者只要不知道其中一項，就為不完全訊息（incomplete information）賽局。

我們可以簡單的說：不完美訊息是參賽者過去採用的行動或策略，無法讓對手觀察到。而不完全訊息是樹狀型式賽局或矩陣型式賽局的組成要素，參賽者無法全部知悉。當一個賽局不知道什麼樣類型的參賽者？可能採用的行動或策略有哪些？以及採取行動獲得的報酬有多少時。參賽者間處於一個不完全訊息的賽局裡，以前這種情況是無法分析。直到「哈撒意轉換」的出現，它加入不完全訊息賽局中必須考量的兩個因素：「參賽者可能的類型」及「這些類型的發生機率」，不完全

訊息的賽局因此可以分析。

　　哈撒意（Harsanyi）藉由一個名詞叫「自然」（nature）來代表上帝，因為只有上帝知道參賽者屬於那一類型，於是定義「自然」在參賽者開始進行賽局之前先採取行動，這些行動是一位參賽者的可能類型（type）（例如：喜歡背叛或喜好合作的類型）。參賽者2原本對參賽者1不知道的訊息（不完全訊息），經由「自然」轉換成：參賽者2知道參賽者1有那幾種類型，於是參賽者2對於參賽者1的不完全訊息提昇到不完美訊息的賽局，這種將「不完全訊息的賽局」提昇為「不完美訊息賽局」的方法，稱作：「哈撒意轉換」。

　　在不完全訊息靜態賽局可以根據類型的機率，解出「貝氏納許均衡」（BNE）。不完全訊息動態賽局，求得的解為「貝氏完美納許均衡解」（BPNE）。

【第六章】 不完全訊息靜態及動態賽局

6.1 污點證人賽局

第二章的污點證人賽局中，總理的秘書會面對貪污總理的兩種類型。第一種類型是總理不會對秘書的作證施予報復，第二種類型是總理會對秘書施予報復。秘書面對第一種類型的總理，檢警用認罪協商的方法會讓雙方陷入「囚犯困境」，會產生（背叛，背叛）的均衡。如表6.1（a）。秘書面對第二種類型的總理，檢警用認罪協商的方法對秘書沒有作用，不會讓雙方陷入「囚犯困境」，均衡會落在（合作，合作），如表6.1（b）。

▶ 表 6.1（a）　秘書對上總理是Type 1類型

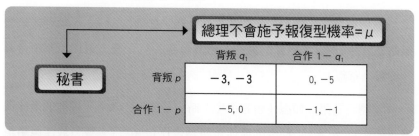

▶ 表 6.1（b）　秘書對上總理是Type 2類型

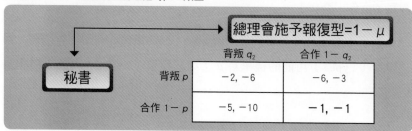

由於秘書不知道總理是屬於不會報復型的還是會施予報復型的？他們之中存在著不完全訊息，這時候就可以用哈撒意轉換，設定總理的類型有兩種：不會報復型（Type1）可能的機率為 μ，會報復型（Type2）可能的機率為 $1-\mu$。

設定秘書採用合作的機率為 p，秘書採用背叛的機率為 $1-p$。當總理為第一類型（不會報復型）時，設定總理採用背叛的機率為 q_1，總理採用合作的機率為 $1-q_1$。

當總理為第二類型（會報復型）時，設定總理採用背叛的機率為 q_2，總理採用合作的機率為 $1-q_2$。

「貝氏納許均衡」BNE分析

當總理為第一類型（不會報復型）時，如表6.1（a），總理的最佳策略為背叛 $q_1=1$；秘書的最佳策略為背叛 $p=1$。雙方最佳策略組合為（背叛，背叛）。

當總理為第二類型（會報復型）時，如表6.1（b），總理的最佳策略為合作 $1-q_2=1$；秘書的最佳策略為合作 $1-p=1$。雙方最佳策略組合為（合作，合作）。

秘書不知道總理是屬於那一個型態，只知道總理的型態有兩個，第一類型（Type1）可能的機率為 μ；第二類型（Type2）可能的機率為 $1-\mu$。

我們比較秘書採用合作策略與採背叛策略那一個報酬較高：

1.當秘書採用背叛策略p＝1時：

面對總理為第一類型時（如表6.1（a）），總理的最佳策略為背叛 $q_1＝1$，所以秘書得到報酬為－3，乘上Type1可能的機率為 μ，合計報酬為 -3μ。

面對總理為第二類型時（如表6.1（b）），總理的最佳策略為合作 $1-q_2＝1$，所以秘書得到報酬為－6，乘上Type2可能的機率為 $1-\mu$，合計報酬為 $-6+6\mu$。

兩者報酬相加總計為 $-3\mu+6\mu-6＝3\mu-6$。

2.當秘書採用合作策略1－p＝1時：

面對總理為Type1類型時，總理的最佳策略為背叛 $q_1＝1$，所以秘書得到報酬為－5，乘上Type1可能的機率為 μ，合計報酬為 -5μ。

面對總理為Type2類型時，總理的最佳策略為合作 $1-q_2＝1$，所以秘書得到報酬為－1，乘上Type2可能的機率為 $1-\mu$，合計報酬為 $-1+\mu$。

兩者報酬相加總計為 $-5\mu-1+\mu＝-4\mu-1$。

如果秘書採用背叛策略的報酬大於採用合作策略時的報酬時，即 $3\mu-6>-4\mu-1 \rightarrow \mu>5/7$，也就是當 $\mu>5/7$，秘書採用背叛策略是最佳解。

如果秘書採用合作策略的報酬大於採用背叛策略時的報酬時，即 $-4\mu-1>3\mu-6\to\mu<5/7$，當 $\mu<5/7$，秘書採用合作策略是最佳解。

貝氏納許均衡解（BNE）：當總理「不會報復」的機率大於 $5/7=71.4\%$ 時，（$\mu>5/7$），秘書採「背叛」為最佳策略，而總理也是採「背叛」為最佳策略。當總理不會報復的機率小於 $5/7=71.4\%$ 時（$\mu<5/7$），秘書採「合作」為最佳策略，而總理亦是採「合作」為最佳策略。（如表6.2）

▶ 表 6.2　污點證人賽局的貝氏納許均衡解（BNE）

秘書最佳策略	總理最佳策略
當 $\mu>5/7$ 採背叛	背叛
當 $\mu<5/7$ 採合作	合作

6.2 盜墓者賽局

古代的盜墓者，通常都是家族事業，假如A、B兩人尋找中國古代皇宮的遺址，共同合作去挖寶藏，B當把風者，A先下去查看是否有寶藏？如果A發現有大批黃金及寶物，就立刻通知上面的B將運送器具降下來，如果A、B兩人的合作承諾不夠時，有人會將寶藏獨吞。如果A、B的關係是父子或夫妻，他們之間的關係匪淺，他們背叛對方的機率就比較小，合作的機率較大，就算他們同時被抓，警方將他們陷入「囚犯困境」也不會起作用。

▶ 表 6.3（a）　A對上B是Type 1類型

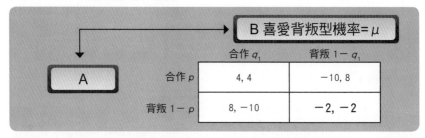

▶ 表 6.3（b）　A對上B是Type 2類型

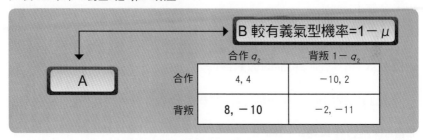

　　如果你是A，你不知道B是屬於較有義氣型的還是較喜愛背叛型的？你們之中存在著不完全訊息，這時候就可以用哈撒意轉換，設定B的類型有兩種：「喜愛背叛」型：Type1可能的機率為μ。「有義氣」型：Type2可能的機率為$1-\mu$。於是可以建構A對上B是Type 1類型的報酬矩陣如表6.3a，及A對上B是Type2類型的報酬矩陣如表6.3b。

　　設定A採用合作的機率為p，A採用背叛的機率為$1-p$。當B為Type 1類型（喜愛背叛型）時，設定B採用合作的機率為q_1，B採用背叛的機率為$1-q_1$。當B為Type2類型（較有義氣型）時，設定B採用合作的機率為q_2，B採用背叛的機率為$1-q_2$。

BNE均衡分析

當B為Type1類型（喜愛背叛型）時，如表6.3a，B的最佳策略為背叛$1-q_1=1$；A的最佳策略為背叛$1-p=1$。A與B最佳策略組合為（背叛，背叛）。

當B為Type2類型（較有義氣型）時，如表6.3b，B的最佳策略為合作$q_2=1$；A的最佳策略還是為背叛$1-p=1$。A與B最佳策略組合為（背叛，合作）。

A不知道B是屬於那一個型態，只知道B的型態有兩個，Type 1可能的機率為μ；Type 2可能的機率為$1-\mu$。

我們比較A採用合作策略或採背叛策略那一個報酬較高：

1.當A採用合作策略p＝1時：

面對B為Type1類型時，B的最佳策略為背叛$1-q_1=1$，所以A得到報酬為-10，乘上Type1可能的機率為μ，合計報酬為-10μ。

面對B為Type 2類型時，B的最佳策略為合作$q_2=1$，所以A得到報酬為4，乘上Type 2可能的機率為$1-\mu$，合計報酬為$4-4\mu$。

兩者報酬相加總計為$-10\mu+4-4\mu=4-14\mu$。

2.當A採用背叛策略p＝0時：

面對B為Type1類型時，B的最佳策略為背叛$1-q_1=1$，所以A得到報酬為-2，乘上Type 1可能的機率為μ，合計報酬為-2μ。

面對B為Type 2類型時，B的最佳策略為合作$q_2=1$，所以A得到報酬為8，乘上Type 2可能的機率為$1-\mu$，合計報酬為$8-8\mu$。

兩者報酬相加總計為$-2\mu+8-8\mu=8-10\mu$。

因為$0\leq\mu\leq1$，所以$8-10\mu>4-14\mu$，即A面對B是任何一個類型，A採用背叛策略$p=0$時的報酬一定大於採用合作策略$p=1$時的報酬，所以A一定會採用背叛策略，這就是A的最佳解。

貝氏納許均衡解BNE：

A採用背叛策略$p=0$；B為Type 1類型時，B的最佳策略為背叛$1-q_1=1\rightarrow q_1=0$；B為Type 2類型時，B的最佳策略為合作$q_2=1$，而A的最佳解還是背叛。（表6.4）

▶ 表6.4 盜墓者賽局貝氏納許均衡解（BNE）

A最佳策略	B最佳策略
背叛 $p=0$	If Type 1 then $q_1=0$ 背叛
	If Type 2 then $q_2=1$ 合作

6.3 大學生約會賽局

第二章中男女大學生約會賽局中，設定男女雙方約會的目的：希望和對方在一起。男生喜歡看電影，而女生喜歡看演奏會，這賽局的純粹納許均衡有兩個：（電影，電影）及（演奏會，演奏會）。之前想定女生是愛男生的，如果現在女生不一定是愛男生時，女生有可能是想和男

生分手，並不想和男生在一起，於是男生對於女生的資訊變的不完全。假定女生有兩個類型，一個類型是「愛他的」，另一個類型是「不愛他的」。男生面對女生兩個類型的不完全訊息賽局，如表6.5（a）（b）。

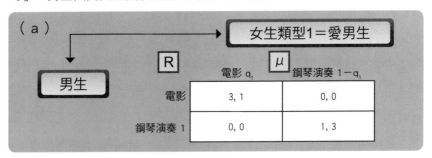

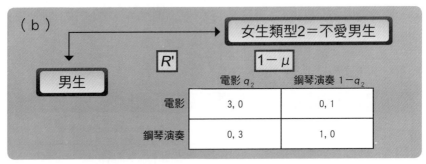

▶ 表 6.5　女生有愛他的（a）與不愛他的（b）的兩種類型

　　假定女生的T1（愛他的類型）機率為 μ，T2（不愛他的類型）機率為 $1-\mu$。只有上帝知道 μ 有多大，用Nature來表示，這是個不完全訊息的賽局，用哈撒意轉換，將以上兩個表格合併成一個有先後順序的樹狀賽局圖（如圖6.2），從不完全訊息賽局轉為不完美訊息賽局（imperfect information）。

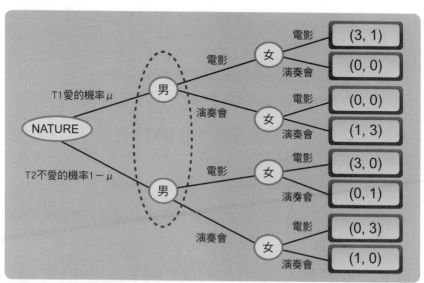

▶ 圖 6.2 女生有兩種類型的樹狀賽局圖

▶ 表 6.6（a）

		女生 R影－R'影	女生 R影－R'琴	女生 R琴－R'影	女生 R琴－R'琴
男生	電影	3×μ+3×（1－μ），1×μ+0×（1－μ）	3×μ+0×（1－μ），1×μ+1×（1－μ）	0×μ+3×（1－μ），0×μ+0×（1－μ）	0×μ+0×（1－μ），0×μ+1×（1－μ）
	鋼琴演奏會	0×μ+0×（1－μ），0×μ+3×（1－μ）	0×μ+1×（1－μ），0×μ+0×（1－μ）	1×μ+0×（1－μ），3×μ+3×（1－μ）	1×μ+1×（1－μ），3×μ+0×（1－μ）

▶ 表 6.6（b）

		女生 R影－R'影	女生 R影－R'琴	女生 R琴－R'影	女生 R琴－R'琴
男生	電影	3，μ	3μ，1	$3-3\mu$，0	0，$1-\mu$
	鋼琴演奏會	0，$3-3\mu$	$1-\mu$，0	μ，3	1，3μ

　　表6.6利用表6.5及 μ ，分別計算表（a）期望報酬的計算式及表（b）期望報酬的結果。

　　經由哈撒意轉換後找出不完美訊息賽局的納許均衡，這均衡就是在不完全訊息賽局中的貝氏納許均衡。

1. 在表6.5a女大生是Type1的報酬矩陣表，我們可以求出純粹策略納許均衡有兩個：（A，B）及（B，A）。在表6.5b女生是Type2的報酬矩陣表，沒有純粹策略納許均衡。

2. 假定男生選擇「電影」的混合策略的機率為 p ，選擇「演奏會」的混合策略的機率為 $1-p$ 。

3. 女生是Type1，選擇「電影」的混合策略機率為 q_1 ，選擇「演奏會」的混合策略機率為 $1-q_1$ ；女生是Type2，選擇「電影」的混合策略機率為 q_2 ，選擇「演奏會」的混合策略機率為 $1-q_2$ 。

貝氏納許均衡分析

　　在表6.5b，可以看到第三欄及第四欄中，無法比較出男生選擇「電影」還是選擇「演奏會」是最佳的選擇，因此我們分別比較，首先檢視第三欄：

　　男生不知道女生是那一個類型，只知道Type 1機率為 μ ，Type 2機率為 $1-\mu$ 。如果男生選擇「電影」的策略時（即 $p=1$ ），第一類型女生（Type 1）選擇「電影」的策略，所以男生的期望報酬變為 $3\times\mu$ 。而第二類型（Type 2）女生選擇「演奏會」，男生的期望報酬變為 $0\times$

（$1-\mu$）；男生選擇「電影」的總期望報酬為3μ。

如果男生選擇「演奏會」的策略時（即$p=0$），同樣地面對第一類型女生（Type 1）選擇「電影」的策略，男生的期望報酬變為$0 \times \mu$。而第二類型（Type 2）女生選擇「演奏會」，男生的期望報酬變為$1 \times (1-\mu)$；男生選擇「演奏會」的總期望報酬為（$1-\mu$）。

如果男生選擇「電影」面對女生第一類型選擇「電影」及第二類型選擇「演奏會」的期望報酬大於等於男生選擇「演奏會」面對女生第一類型選擇「電影」及第二類型選擇「演奏會」的期望報酬時，即$3\mu \geq$（$1-\mu$），$\mu \geq \frac{1}{4}$。我們找到第一個貝氏納許均衡可能情況為：如果女生是第一類型（愛他）的機率大於25％時，男生會選擇「電影」，第一類型女生選擇「電影」，而第二類型女生會選擇「演奏會」。

我們再來檢視第四欄：

如果男生選擇「演奏會」的策略時（即$p=0$），第一類型女生（Type 1）的最佳反應為選擇「演奏會」的策略，所以男生的期望報酬變為$1 \times \mu$。而第二類型（Type 2）女生的最佳反應為選擇「電影」，男生的期望報酬變為$0 \times (1-\mu)$；男生選擇「電影」的總期望報酬為μ。

如果男生選擇「電影」的策略時（即$p=1$），同樣地面對第一類型女生（Type 1）的最佳反應為選擇「演奏會」的策略，男生的期望報酬變為$0 \times \mu$。而第二類型（Type 2）女生的最佳反應為選擇「電影」，男生的期望報酬變為$3 \times (1-\mu)$；男生選擇「演奏會」的總期望報酬為$3(1-\mu)$。

　　如果男生選擇「演奏會」面對女生第一類型及第二類型最佳反應的期望報酬大於等於選擇「電影」時，即 $\mu \geq 3(1-\mu)$，$\mu \geq \frac{3}{4}$。我們找到第二個貝氏納許均衡可能情況為：如果女生是第一類型（愛他）的機率大於75%時，男生會選擇「演奏會」，第一類型女生選擇「演奏會」，而第二類型女生會選擇「電影」。

　　我們同時考量第三欄及第四欄的情況時，可以確定當 $\mu \geq \frac{3}{4}$ 時有兩個純粹貝氏納許均衡，第一個是男生選「電影」，女生第一類型選「電影」及第二類型選「演奏會」。第二個是男生選「演奏會」，女生第一類型選「演奏會」及第二類型選「電影」。當 $\frac{1}{4} \leq \mu < \frac{3}{4}$ 只有一個純粹貝氏納許均衡，第一個是男生選「電影」，女生第一類型選「電影」及第二類型選「演奏會」。當 $\mu < \frac{1}{4}$ 時，就找不到純粹貝氏納許均衡，根據納許的定義：非合作賽局沒有純粹納許均衡，會有混合策略貝氏納許均衡。下節檢視 $\mu < \frac{1}{4}$，或 $\mu = 0$ 時是否有混合策略均衡。

　　混合策略貝氏納許均衡（Mixed strategy Bayes Nash Equilibria）分析：

　　當 $\mu = 0$ 即男生面對是第二類型的女生時，在表6.7（b），依據混合策略均衡的算法，將男生選擇「電影」的期望報酬等同選擇「鋼琴演奏會」的期望報酬，即 $3q_2 + (0)(1-q_2) = 0q_1 + 1(1-q_1)$，可算出→$q_2 = \frac{1}{4}$。

　　同樣地，將女生選擇「電影」的期望報酬等同選擇「鋼琴演奏會」的期望報酬，即 $0p + 3(1-p) = (1)p + 0(1-p)$，可算出→$p = \frac{3}{4}$。

當 $\mu = 1$ 即男生面對是第一類型的女生時，在表6.7（a），依據混合策略均衡的算法，將男生選擇「電影」的期望報酬等同選擇「鋼琴演奏會」的期望報酬，即 $3q_1 + (0)(1-q_1) = 0q_1 + 1(1-q_1)$，可算出→ $q_1 = \dfrac{1}{4}$。

同樣地，將女生選擇「電影」的期望報酬等同選擇「鋼琴演奏會」的期望報酬，即 $1p + 0(1-p) = (0)p + 3(1-p)$，可算出→ $p = \dfrac{3}{4}$。

因此可以發現不管女生是屬於那一種類型（$\mu = 1$ 或 $\mu = 0$），都存在混合策略貝氏納許均衡：$p = \dfrac{3}{4}$，$q_1 = \dfrac{1}{4}$，$q_2 = \dfrac{1}{4}$。

把以上整理一下如圖6.3：

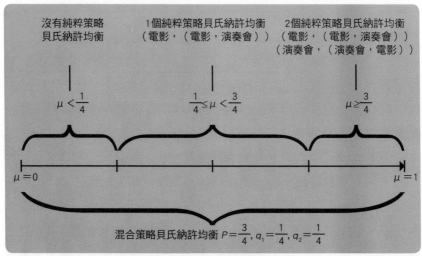

▶ 圖 6.3　約會賽局純粹與混合策略貝氏納許均衡分布圖

▶ 表 6.7（a）　男生面臨第一類型女生的混合策略報酬矩陣表

男生	女生類型1		
	電影 q_1	鋼琴演奏 $1-q_1$	$p-$mix
電影 p	3, 1	0, 0	$3q_1+ (0)(1-q_1)$
鋼琴演奏 $1-p$	0, 0	1, 3	$0q_1+1(1-q_1)$
$p-$mix	$1p + 0(1-p)$	$(0)p+3(1-p)$	

▶ 表 6.7（b）　男生面臨第二類型女生的混合策略報酬矩陣表

男生	女生類型2		
	電影 q_1	鋼琴演奏 $1-q_2$	$p-$mix
電影 p	3, 0	0, 1	$3q_2 + (0)(1-q_1)$
鋼琴演奏 $1-p$	0, 3	1, 0	$0q_2 +1(1-q_2)$
$p-$mix	$0p + 3(1-p)$	$(1)p + 0(1-p)$	

6.4 男女約會賽局

　　我們把第二章的男女約會賽局改變一下，假設有一對男女John和Mary，兩人互有好感，John決定約Mary今晚一起去用餐，下午他們在FaceBook討論時，John表示要去附近夜市的小吃店，而Mary卻堅持要去吃牛排，牛排的消費大於小吃店。雙方一直到要出門前都還堅持己見，無法達成共識，決定兩人去哪兒吃？Mary於是思考著：「要不要遷就

John？」這個賽局雙方都希望能和對方在一起用餐，Mary又想著：「John是個小氣的人？還是個大方的人？還是有時小氣有時大方的人（中性的人）？」

設定男女雙方約會的目的：希望和對方在一起。Mary面對三種類型的John，T1：小氣類型，T2：中性類型，T3：大方類型，以下分析雙方的報酬表（如表6.8）：

T2（中性類型）

如果Mary面對中性類型的John。John喜歡小吃，而Mary喜歡牛排，如果兩人堅持自己的偏好，例如：John去小吃店，Mary去牛排店，雙方的報酬互為零。同樣地，如果兩人故意都和對方作對，John去牛排店，Mary去小吃店，雙方的報酬也一樣為零。但是如果一方遷就另一方，

▶ 表 6.8（a）Mary面對JohnT1（小氣）類型

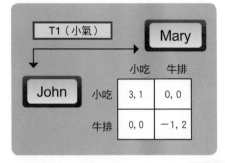

▶ 表 6.8（b）Mary面對JohnT2（中性）類型

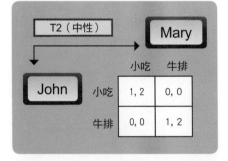

▶ 表 6.8（c）Mary面對JohnT3（大方）類型

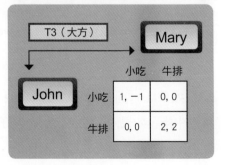

177

例如：John去小吃店，Mary也去小吃店，John的報酬最佳為2，Mary至少和John在一起，她得到1報酬。而Mary去牛排店，John也去牛排店，Mary的報酬最佳為2，John至少和Mary在一起，他可以得到1的報酬，如表6.8b，這賽局有兩個均衡組合：（小吃，小吃）及（牛排，牛排），也就是John和Mary一同去小吃店，以及John和Mary一同去吃牛排。

　　如果把表6.8b的Mary面對John是T2類型的靜態報酬表，轉換成動態的賽局，假定John為先行者（leader），Mary為後行者（follower），將表6.8（b）轉換成圖6.4，用倒推法，可以求出子賽局完美均衡為（牛排，牛排），即John會先選擇牛排，而Mary為也選擇牛排。

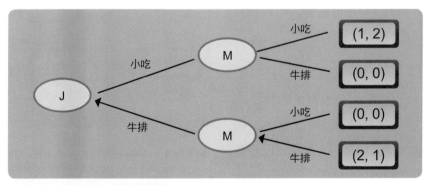

▶ 圖 6.4　Mary面對的是中性類型（T2）John的報酬樹狀圖

T1（小氣類型）

　　如果Mary面對的是「小氣類型」的John。John喜歡小吃，而Mary喜歡牛排，如果兩人堅持自己的偏好，例如：John去小吃店，Mary去牛排店，雙方的報酬互為零。同樣地，如果兩人故意和對方作對，John去

牛排店，Mary去小吃店，雙方的報酬也一樣為零。但是如果一方遷就另一方，例如：John去小吃店，Mary也去小吃店，John的報酬最佳為3，Mary至少和John在一起，她得到1報酬。而Mary去牛排店，John也去牛排店，Mary的報酬最佳為2，John因為是小氣鬼報酬會變的最低為－1，如表6.8a。這同步賽局只有一組合均衡：（小吃，小吃），也就是John和Mary一同去小吃店。

但是如果是動態賽局，一樣假定John為先行者，Mary為後行者，我們將表6.8（a）換成圖6.5，用倒推法，可以求出均衡為（小吃，小吃），即John會先選擇小吃，而Mary為也選擇小吃。

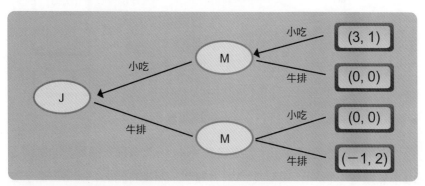

▶ 圖 6.5 Mary面對的是小氣類型（T1）John的報酬樹狀圖

T3（大方類型）

如果Mary面對的是「大方類型」的John。如果兩人故意和對方作對，雙方的報酬也一樣為零。John去小吃店，Mary也去小吃店，John的報酬最佳變為1，Mary得到－1報酬。而Mary去牛排店，John也去牛

排店，Mary的報酬最佳為2，John至少和Mary在一起，而且不在意錢，Mary高興John就高興，所以他也得到2的報酬，如表6.8c。這靜態賽局只有一組均衡：（牛排，牛排）。

但是如果是動態賽局，一樣假定John為先行者，Mary為後行者，將表6.8c換成圖6.6，用倒推法，可以求出均衡為（牛排，牛排），即John會先選擇牛排，而Mary為也選擇牛排。

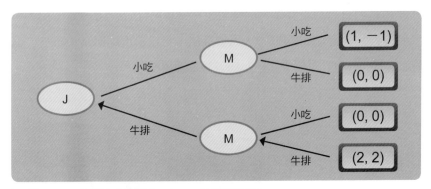

▶ 圖 6.6 Mary面對大方類型（T3）John的報酬樹狀圖

應用「哈撒意轉換」，設定自然（nature）有種三個類型的選擇：T1小氣類型、T2中性類型及T3大方類型，然後將圖6.4～6.6三個子賽局整合在圖6.7。總合以上三個子賽局雙方的貝氏納許均衡策略（BNE）如下：

John的均衡策略

如果自然選擇T2及T3，John採取牛排的策略。如果自然選擇T1，John採取小吃的策略。

Mary的均衡策略

　　如果John採取牛排的策略，Mary就採取牛排的策略。如果John採取小吃的策略，Mary就採取小吃的策略。

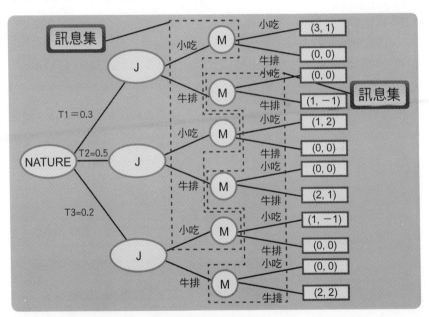

▶ 圖 6.7　哈撒意轉換後的男女約會賽局

6.5　貝氏定理修正信念

　　接續上節男女約會賽局，Mary如果知道John有那些類型，以及知道這些類型的機率——稱為「先驗信念」（prior belief）。然後根據「納許均衡策略」，用貝氏定理算出Mary對John的「後驗信念」（posterior belief），這種依照貝氏定理算出參賽者改變信念而得到的納許均衡，

稱為「貝氏納許均衡」。因為在不完全訊息賽局中，假設每位參賽者依照納許均衡的選擇，以貝氏定理來修正其個人的先驗信念，而貝氏定理正是以條件機率分配來表示當有新訊息發生時，參賽者可以獲得對未知狀態發生的機率。

有時候我們對某些感興趣的事件會去估計可能發生的機率，這機率稱為「事前機率」，然後經由抽樣或產品測試等資料的蒐集，以獲得此事件的新資訊，根據這些新資訊，我們重新估計此事件的發生機率，更新後的機率我們稱為「事後機率」。貝氏定理就是提供計算這種事後機率的方法。在不完全訊息賽局中我們用貝氏定理修正信念的計算流程和一般貝氏定理更正機率的方式類似，兩者的比較流程如圖6.8：

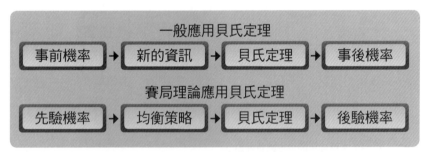

▶ 圖 6.8　一般決策理論與賽局理論應用貝氏定理修正機率的對應流程

甲、乙兩家面板供應商分別供給70%與30%的觸控面板給中華公司製造手機，若由中華公司生產的手機中任抽樣一件，此手機的觸控面板來自甲供應商的機率為0.7，來自乙供應商的機率為0.3，這兩個機率稱為事前機率。

由過去的抽樣面板的檢驗資料顯示：其中不良品有3%來自甲供應商，6%來自乙供應商，請問此抽樣的面板不良品來自甲供應商的機率是否仍為70%（0.7）？

▶ 表 6.9　貝氏定理資訊結合矩陣表

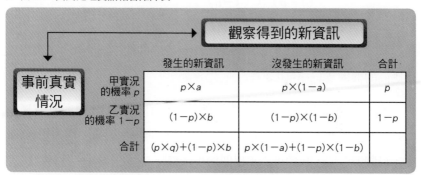

我們設定事前真實情況下，甲實況發生的機率為p，乙實況發生的機率為$1-p$。甲實況發生的條件下，發生新資訊的機率為a，沒發生新資訊的機率為$1-a$。乙實況發生的條件下，發生新資訊的機率為b，沒發生新資訊的機率為$1-b$。我們將以上資訊結合在一個矩陣表中（如表6.9），運用貝氏定理，我們可以求出四個事後機率：

1.發生甲實的條件下，觀察得到發生新資訊的事後機率

$$= \frac{p \times a}{(p \times q) + (1-q) \times b}$$

2.發生乙實況的條件下，觀察得到發生新資訊的事後機率

$$= \frac{(1-p) \times b}{p \times (1-a) + (1-p) \times (1-b)}$$

3.發生甲實況的條件下，觀察得到沒發生新資訊的事後機率

$$= \frac{p \times (1-a)}{p \times (1-a) + (1-p) \times (1-b)}$$

4.發生乙實況的條件下，觀察得到沒發生新資訊的事後機率

$$= \frac{(1-p) \times (1-b)}{p \times (1-a) + (1-p) \times (1-b)}$$

　　將上述的抽樣問題的事前機率：甲供應商的機率為$p = 0.7$，來自乙供應商的機率為$1-p = 0.3$。

　　抽樣觀察而來的資訊：甲供應商不良品有3%＝0.03，良品有97%＝0.97。乙供應商不良品有6%＝0.06，良品有94%＝0.94。代入如表6.9中，得到表6.10，我們可以求出四個事後機率：

▶ 表6.10　不良品利用貝氏定理矩陣表

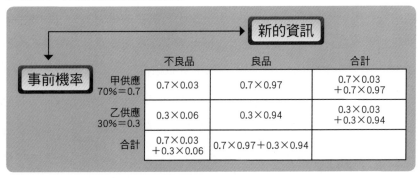

事前機率		不良品	良品	合計
	甲供應 70%＝0.7	0.7×0.03	0.7×0.97	0.7×0.03 ＋0.7×0.97
	乙供應 30%＝0.3	0.3×0.06	0.3×0.94	0.3×0.03 ＋0.3×0.94
	合計	0.7×0.03 ＋0.3×0.06	0.7×0.97＋0.3×0.94	

1.抽樣到不良品來自甲供應商的事後機率

$$= \frac{0.7 \times 0.03}{0.7 \times 0.03 + 0.3 \times 0.06} = 0.5385$$

2.抽樣到不良品來自乙供應商的事後機率

$$= \frac{0.3 \times 0.06}{0.7 \times 0.03 + 0.3 \times 0.06} = 0.4615$$

3.抽樣到良品來自甲供應商的事後機率

$$= \frac{0.7 \times 0.97}{0.7 \times 0.97 + 0.3 \times 0.94} = 0.7065$$

4.抽樣到良品來自乙供應商的事後機率

$$= \frac{0.3 \times 0.94}{0.7 \times 0.97 + 0.3 \times 0.94} = 0.2935$$

　　現在回到6.4節男女約會賽局中，我們用「哈撒意轉換」，設定自然（nature）有三個類型的選擇，T1：小氣類型，T2：中性類型，T3：大方類型，然後將圖6.4～6.6三個子賽局整合在圖6.7中。假設Mary不知道John是那一種類型（這是一個不完全訊息賽局），但是她內心有自己的想法與認知，她認為John是T1類型（小氣類型）的可能性為30％＝0.3，是T2類型（中性類型）的可能性為50％＝0.5，是T3類型（大方類型）的可能性為20％＝0.2，這些可能的機率值是Mary對未知情況的「先驗信念」。但是隨著賽局的進行，她觀察到John所採取的行動是由均衡策略而來，於是Mary會修正她的「先驗信念」（機率）。

　　哈撒意轉換後，經由圖6.7Mary和John都知道賽局的構成元素以及規則，但是Mary無法觀察到自然所採取的行動，John可以觀察到。Mary在選擇時他無法在那一個節點上作決策，所以他作決策時有訊息集，因此這賽局是不完美訊息的賽局。

　　貝氏法則如何修正Mary的先驗機率？首先根據圖6.7，找出Mary和John的均衡策略如下：

　　John的均衡策略為：如果自然選擇T1，John採取「小吃」的策略；如果自然選擇T2或T3，John採取「牛排」的策略。

　　Mary的均衡策略為：如果John採取「小吃」，Mary採取「小吃」的策略；如果John採取「牛排」，Mary採取「牛排」的策略。

　　Mary對於John的三種類型有以下先驗機率：自然選擇T1＝0.3，T2＝0.5，T3＝0.2。代入如表6.9中，得到表6.11。

　　假如Mary觀察到John採取「牛排」策略，她知道John一定不是T1類型（小氣類型），但是她無法確定是T2還是T3類型。貝氏定理告訴她T2類型的後驗機率為（如表6.11）：

1. Mary觀察到John採取「牛排」策略來自John是T2類型（中性類型）的
   後驗機率 $= \dfrac{0.5 \times 1}{(0.3 \times 1) + (0.5 \times 1) + (0.2 \times 1)} = 0.714$

2. Mary觀察到John採取「牛排」策略來自John是T3類型（大方類型）的
   後驗機率 $= \dfrac{0.2 \times 1}{(0.3 \times 0) + (0.5 \times 1) + (0.2 \times 1)} = 0.286$

3. Mary觀察到John採取「小吃」策略來自John是T1類型（小氣類型）的
   後驗機率 $= \dfrac{0.3 \times 1}{(0.3 \times 1) + (0.5 \times 0) + (0.2 \times 0)} = 1$

　　由以上可知：Mary原本對於John三種類型的先驗機率，分別為T1＝0.3，T2＝0.5，T3＝0.2，但是依據均衡策略的考量，我們就可以利

用貝氏定理計算出三種類型的後驗機率：如果John採取「牛排」策略來自John是T2類型（中性類型）的後驗機率為0.714，是T3類型（大方類型）的後驗機率為0.286， T2的可能性從50％提昇到71.4％。如果John採取「小吃」策略來自John是T1類型（小氣類型）的後驗機率為1，T1的可能性從30％提昇到100％。

▶ 表 6.11 男女賽局結合貝氏定理矩陣表

	John採取牛排	John採取小吃	合計
均衡資訊			
先驗機率 T1＝0.2	0.3×0	0.3×1	0.3×0＋0.2×1
T2＝0.5	0.5×1	0.5×0	0.5×1＋0.5×0
T3＝0.2	0.2×1	0.2×0	0.2×1＋0.2×0
合計	0.3×0＋0.5×1＋0.2×1	0.3×1＋0.5×0＋0.2×0	

6.6 黃蓋詐降賽局

三國時代曹操向孫權下挑戰書後，立即率領大批艦隊順江而下，曹操大軍對上周瑜的水師及劉備的軍隊，初期曹操的艦隊和周瑜的水師交鋒，由於曹操軍隊長年居住北方不習慣坐船，部份軍士得暈船病，無法適應水面作戰，便吃了小敗仗。於是曹操想了個不會讓船搖晃的方法，就是將所有船以鐵環相連。

大將軍黃蓋向周瑜分析戰況：敵眾我寡，久戰不利於我，如今曹操

的軍艦首尾相連，正好可以用火攻。但如何以迅雷不及掩耳的方法，讓曹操的軍艦疏於防備而燃起大火？於是黃蓋想出了詐降的妙計，他派出一個密使，偷渡到曹營中，說明自己想投降並且主動獻上糧草及軍艦，以表明歸順的決心。曹操本是多疑的人，但看到自己軍容壯盛，不免起了高傲之心，而後心想黃蓋是孫家三代元老，其中必定有詐。曹操要相信黃蓋是真投降還是假投降呢？

▶ 表 6.12（a）曹操對上黃蓋是真投降類型　▶ 表 6.12（b）曹操對上黃蓋是假投降類型

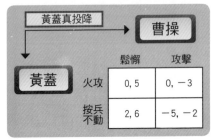
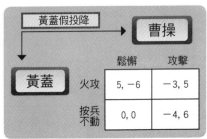

如果曹操蒐集情報，確實掌握黃蓋是假投降，他就不會鬆懈軍備，反而會俘獲黃蓋的軍艦，生擒黃蓋。如果黃蓋也知道曹操完全洞悉他的計謀，這種競爭雙方互相都了解彼此的策略及實力的狀況稱為完美訊息（perfect information）。如果曹操與黃蓋使用的策略有先後順序，如表6.12中，黃蓋有兩種可能，一個是「真投降」；另一個是「假投降」，接著黃蓋可以採用「火攻」或「按兵不動」兩種策略，而曹操接著可以採「歡迎而鬆懈」或「全面攻擊」兩種策略。

如果曹操可以看到黃蓋有「假投降（詐降）」或「真投降」的兩個策略，而且非常的清楚而且確定黃蓋一定採用「詐降」的策略，曹操

也知道如果面對黃蓋的「火燒連環船的攻擊」或「按兵不動」時自己下一步要採取什麼策略來因應，這樣的情形是一個完全訊息（complete information）的狀態。

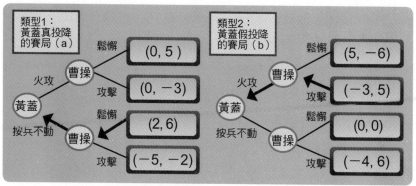

▶ 圖 6.9　黃蓋真投降與假投降兩個子賽局

　　如果黃蓋真投降與假投降兩個賽局是完美訊息與完全訊息時，曹操和黃蓋會做出什麼樣的決定？我們可以利用倒推法分別求出兩個子賽局的完美均衡：｛黃蓋按兵不動，曹操鬆懈｝（如圖6.9a），｛黃蓋火攻，曹操攻擊｝（如圖6.9b的粗線）。

　　如果黃蓋是詐降的狀態下，如表6.12b，黃蓋會決定不使用火燒連環船的計謀，免得被生擒，軍艦被曹操所俘；曹操則會假裝中計，暗中解開軍艦的互連的繩索，並整備軍隊，給予黃蓋軍艦痛擊，並全面的反擊黃蓋與劉備的軍隊，因為曹操已經知道黃蓋詐降後，周瑜與劉備聯軍要全面進攻他。

　　如果黃蓋是真投降（歸順）的狀態下，如表6.12a，黃蓋會按兵不動，而曹操會展臂歡迎黃蓋而軍力鬆懈。

　　歷史記載赤壁之戰的結果是曹操中計，黃蓋的火船撞上曹操的軍艦，讓曹軍船艦很快的燃燒起來，由於曹軍的船艦以繩索相連，加上東南風勢助長，一時江面火焰漫天，曹操的軍士與戰馬無處可逃，船上的幾十萬甲兵完全潰敗，最後形成三分天下的局勢。當時為什麼曹操還是會相信黃蓋是真投降呢？原因就在於曹操處不完全訊息（incomplete information）狀況。黃蓋知道曹操的策略有歡迎而鬆懈和全面攻擊，而曹操也知道黃蓋的策略有使用火燒連環船的攻擊戰術及不使用火燒連環船的攻擊戰術（也就是按兵不動），但他們兩人間具有不完美的訊息（perfect information），但是曹操卻無法知道黃蓋做完決策後自己接下來要怎麼走，才會得到最大報酬，因為他不確定黃蓋是真投降還是假投降（在圖6.11中Nature後會是走那一步），只有黃蓋知道是真的還是假的，所以曹操陷入真投降與假投降而產生的兩個訊息集（information set）之中，這種不清楚是真是假而難以抉擇要採「歡迎而鬆懈」還是「全面攻擊」的情況，也正是讓曹操信以為黃蓋是真的帶槍投靠，最後走向敗戰的原因。

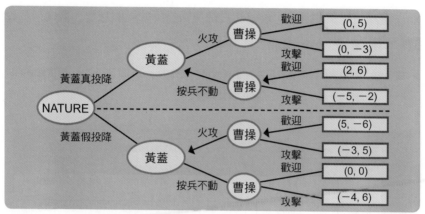

▶ 圖6.10　以樹狀圖來表示黃蓋詐降的過程。最先做決策的為Nature，決定黃蓋是否為詐降。黃蓋接著使用火燒連環船的計謀或不使用計謀。最後曹操再根據黃蓋是否選擇計謀？來決定採「歡迎而鬆懈」或「全面攻擊」。

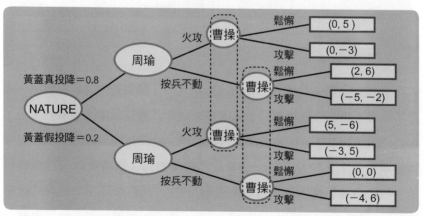

▶ 圖 6.11　曹操無法分辨到底黃蓋是真投降還是假投降，如果黃蓋使用火燒連環船的計謀時，曹操都認為是一樣的情況，如虛線框起來的部份。如果黃蓋按兵不動時，曹操也都認為是一樣的情況，如虛線框起來的部份。

曹操可以猜測黃蓋可能是真投降與假投降的兩個類型，曹操猜真投降的機率為0.8，猜假投降的機率為0.2。

▶ 表 6.13 利用表6.12及曹操認為黃蓋真假投降的機率，分別計算圖（a）期望報酬的計算式及圖（b）期望報酬的數值結果。

		黃蓋 火攻(1) 火攻(2)	黃蓋 火攻(1) 按兵不動(2)	黃蓋 按兵不動(1) 火攻(2)	黃蓋 按兵不動(1) 按兵不動(2)
曹操	歡迎	$5×(0.8)+$ $(-6)×(0.2)$	$5×(0.8)+$ $(0)×(0.2)$	$6×(0.8)+$ $(-6)×(0.2)$	$6×(0.8)+$ $(0)×(0.2)$
	攻擊	$-3×(0.8)+$ $(5)×(0.2)$	$-3×(0.8)+$ $(6)×(0.2)$	$-2×(0.8)+$ $(5)×(0.2)$	$-2×(0.8)+$ $(6)×(0.2)$

▶ 表 6.13（a）

		黃蓋 火攻(1) 火攻(2)	黃蓋 火攻(1) 按兵不動(2)	黃蓋 按兵不動(1) 火攻(2)	黃蓋 按兵不動(1) 按兵不動(2)
曹操	歡迎	2.8	4	3.6	4.8
	攻擊	-1.4	-1.2	-0.6	-0.4

▶ 表 6.13（b）

根據歷史記載建安十三年曹操剛破黃巾，滅袁術，又收服袁紹，部隊軍甲銳不可當，他率領三十萬大軍來到赤壁看到孫權與劉備的軍力，和自己的相差甚多，因此看不起孫劉聯軍。當時周瑜也認為曹操一定會非常驕傲自大，於是設了一個黃蓋詐降的賽局，讓曹操跳入這個賽局中。假設曹操猜測黃蓋真投降的機率為0.8，而假投降另有陰謀的機率為0.2，根據表6.12可以分別計算曹操「歡迎而鬆懈」與「全面攻擊」的期望報酬。計算的結果列在表6.13a和表6.13b。

在表6.13b可以看出曹操對上黃蓋不管是採火攻或按兵不動，曹操採「歡迎而鬆懈」的期望報酬都比「全面攻擊」的期望報酬還高，因此正當黃蓋率領二十艘戰鬥艦順著東南風飛駛曹營時，曹操還拍手歡呼，鼓掌叫好。當曹操發現中計時，已來不及挽回劣勢，狼狽的帶領一些殘兵敗將從華容道逃往北方。如果下一次曹操再遇到敵人來投降順服，或許他會從赤壁之戰學到教訓去調整真投降與假投降的機率，這就是曹操對敵人相信度（信念）的修正，當相信度修正後，重新計算他採用策略的報酬，賽局的結果就會改變。

運用貝氏定理修正信念

用倒推法得知：黃蓋真投降類型的賽局，子賽局完美均衡為：黃蓋按兵不動→曹操歡迎。而黃蓋假投降類型的賽局，子賽局完美均衡為：黃蓋火攻→曹操攻擊（如圖6.10）。以上兩組最適策略為黃蓋詐降賽局的貝氏納許均衡。

▶ 表 6.14　黃蓋詐降賽局結合貝氏定理矩陣表

曹操 先驗機率		黃蓋採取按兵不動	黃蓋採取火攻	合計
	真投降 =0.8	0.8×1	0.8×0	0.8×0+0.8×1
	假投降 =0.2	0.2×0	0.2×1	0.2×1+0.2×0
	合計	0.8×1+0.2×0	0.8×0+0.2×1	

均衡資訊

結合貝氏定理後建構表6.14，假如曹操觀察到黃蓋採取「按兵不動」策略，曹操知道黃蓋一定是真投降類型。貝氏定理告訴他真投降類型的後驗機率為：

$$\frac{0.8 \times 1}{(0.8 \times 1) + (0.2 \times 0)} = 1$$

所以參考均衡策略後，可以從原來的先驗機率0.8（80％）提昇到→1（100％）。有了後驗信念的提昇，曹操就會選擇「歡迎而鬆懈」的策略。

假如曹操觀察到黃蓋採取「火攻」策略，曹操知道黃蓋一定是假投降類型。貝氏定理告訴他假投降類型的後驗機率為：

$$\frac{0.2 \times 1}{(0.8 \times 0) + (0.2 \times 1)} = 1$$

所以參考均衡策略可以從原來的先驗機率0.2（20％）提昇到→1（100％）。曹操就有理由選擇「全面攻擊」的策略，因為這對他是最適策略。

6.7 篩選訊息誘出實話

我們在之前的賽局發現，參賽者的類型產生了訊息不確定的情況，有時候參賽者A的訊息不容易讓參賽者B察覺，例如公司的老闆有時無法判斷員工是否是勤奮的？是否忠心？但是員工們之間知道誰較勤奮，因此他們之間存在著資訊不對稱（Information Asymmetry）的情形。勤奮的員工會儘量地將自己的訊息傳遞給老闆知道，而不勤奮的員工更會利用些假的訊息讓老闆誤認以為他是勤奮的員工，這裡就產生了「操縱訊

息」的賽局。操縱訊息有以下幾種情況：

1.對你有利的訊息顯示，不利的訊息隱藏。

2.錯誤的訊息去誤導敵人，正確的訊息避開鬥爭。

3.篩選或引出正確的訊息。

4.能力低故意傳遞錯誤的訊息，讓人捉摸不清。

當你對手的訊息比你還多時，你無法直接判斷他的策略選擇，可以過濾錯誤的訊息，找出你對手的真正策略或偏好，這個方法叫做「篩選訊息」（screening）。以下例子來說明這方法如何運用。

有一個人叫光叔，幾乎買股票都虧大錢，但有時也會賺小錢，追究原因是他的股票經理人在搞鬼，於是他要求證券公司更換經理人，證券公司於是推荐給他兩個經理人幫他購買股票，他知道這兩人有一個是誠實的人，有一個人是說謊的人，但是不知道那一個是誠實的人？那一個人是說謊的人？只知道：說謊的經理人會騙光叔，當這檔股票要漲，光叔買進後就大跌，然後就虧錢。不然就是這檔股票要漲時，就騙光叔會跌，於是害光叔低價賤賣股票。誠實的經理人會老實的告訴光叔股票是漲？是跌？如果你是光叔，每次要買股票前，要如何設計一段問話，不管問誠實的經理人或說謊的經理人，都可以誘出：股票是真的「漲」還是「跌」。

這段問話可以這樣問兩個經理人：「如果你是另外一個股票經理人，你會怎麼回答這個問題：『這檔股票會漲嗎？』」，不管經理人是誠

實或說謊的經理人，如果回答是「漲」，這股票實際上會「跌」；如果
經理人回答是「跌」，這股票實際上會「漲」。為什麼光叔可以這麼肯
定得到正確的答案？以下來分析：

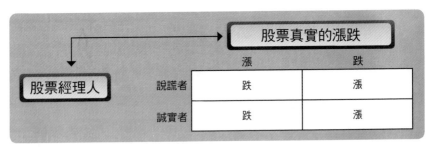

		股票真實的漲跌	
		漲	跌
股票經理人	說謊者	跌	漲
	誠實者	跌	漲

▶ 表 6.15　股票篩選訊息的策略對應表

　　我們用表6.15分析，究竟為什麼可以得到肯定的答案？在表中可以
看到4種可能：

1. 如果股票經理人是個「說謊者」（左上角），他聽到這段問話且看到
股票實際上會「漲」時，因為他是個說謊者，所以答案一定是
「跌」。

2. 如果股票經理人是個「說謊者」（右上角），他聽到這段問話且看到
股票實際上會「跌」時，因為他是個說謊者，所以答案一定是
「漲」。

3. 如果股票經理人是個「誠實者」（左下角），他聽到這段問話且看到
股票實際上會「漲」時，因為他想到另一個是說謊者，他會老實回答
說謊者的答案，因此會說「跌」。

4.如果股票經理人是個「誠實者」（右下角），他聽到這段問話且看到股票實際上會「跌」時，因為他想到另一個是說謊者，他會老實回答說謊者的答案，因此會說「漲」。

由以上可知，不管這段問話問到誠實的人或說謊的人，答案一定和事實相反，所以光叔可以利用它來篩選訊息，以得到正確的答案。

但是如果說謊的經理人第一次沒發現，但是第二次發現你用這方法來篩選訊息，說謊者在第三次就會故意欺騙你，這個篩選的方法就無效。我們可以用「利益共同體」的概念，讓你的經理人成為投資夥伴，分享你的投資損失，如果經理人投資的愈多，就愈可信，投資的愈少，就愈不可信。經理人發出的投資訊息，可以誘導出正確答案或偏好，這個方法叫做「傳遞訊息」（signaling）。以下舉例說明傳遞訊息的賽局。

有一天早晨一位同學在操場上撿到一條金飾手鍊送到教官室，教官於是上網post失物招領，公告五個月都沒人認領，快到六個月期限的前二天，突然有兩個女同學來認領。兩個女同學都宣稱：「這條金飾手鍊是自己在操場遺失的。」教官頭大了，到底這條項鍊是誰的？

教官不知道這條金飾手鍊是誰的？於是建立一個篩選訊息的賽局如圖6.12＞。假設兩個女同學分別為A和B，以下三個步驟來建構這個賽局：

1.由A同學開始進入這樹狀賽局（第一節點），她有兩個選擇：放棄或

不放棄。如果A同學選擇放棄，賽局結束，報酬為（0, Π_B），A同學的報酬為0，而B會得到Π_B。如果A同學選擇不放棄堅持手鍊是她的，就進入第二步驟。

2.換B同學選擇（第二節點），她也有兩個選擇：放棄或不放棄。如果B同學選擇放棄，賽局結束，報酬為（Π_A, 0），B同學的報酬為0而A會得到Π_A。如果B同學選擇不放棄堅持手鍊是她的，B同學必須加入投標並付競標費P，並且進入第三步驟。

3.換A同學選擇（第三節點），她有兩個選擇：出價投標或不出價投標。如果A同學選擇不出價投標，B獲得手鍊，A要付罰金F，賽局結束，最終報酬為（$-F$, $\Pi_B - P$），A同學的報酬為$-F$，而B會得到$\Pi_B - P$。A同學選擇出價投標，A獲得手鍊，B要付罰金F，賽局結束，最終報酬為（$\Pi_A - P - F$, $-F$），A同學的報酬為$\Pi_A - P - F$，而B的報酬為$-F$。

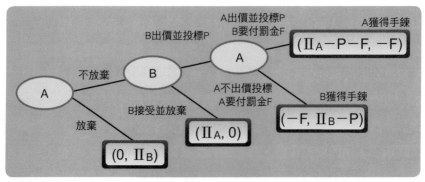

▶ 圖 6.12　金飾手鍊篩選訊息賽局

　　假設金飾手鍊對真的失主比假的失主，更具有紀念意義及價值。如果假設A同學是真的失主，當B同學放棄時，A同學獲得手鍊的報酬Π_A大於B同學獲得手鍊的報酬Π_B，即$\Pi_A > \Pi_B$。A同學是真的失主，那麼B同學是假的。所以B同學（假的）知道獲得手鍊唯一的方法是讓A同學在最後一步驟不出價投標，也就是A選擇不出價的報酬大於出價的報酬，即$-F > \Pi_A - P - F$，$P > \Pi_A$。B出價競標的P值大於A獲得手鍊的報酬Π_A，則A就不會出價競標。因為$\Pi_A > \Pi_B$，所以$P > \Pi_A > \Pi_B$。但事實上B並不會出高價P值來競標，因為B是假的，所以$\Pi_B < P$，他不會付出高價P值，所以她不會在第二步驟時出價競標。由於B不會在第二步驟競標，而會選擇「放棄」。A看到第二步驟的B選擇「放棄」的結果，所以A在第一步驟會選擇「不放棄」。最後A會在第二步驟的結果（Π_A，0），得到手鍊。

　　如果B同學是真的失主，A同學是假的，同樣地，$\Pi_B > \Pi_A$。所以A同學（假的）知道獲得手鍊唯一的方法，是自己在最後一步驟（第三步驟）出價投標P，也就是A選擇出價的報酬大於不出價的報酬，即$\Pi_A - P - F > -F$，$\Pi_A > P$。如果$\Pi_A - P - F > -F$成立，代表A同學在最後一步驟選擇出價投標，也就是$\Pi_A > P$。因為B是真失主，所以$\Pi_B > \Pi_A$，B同學在第二步驟一定會出高價P（高過手鍊市價），A同學知道後就不會在第三步驟出價跟她競標，如果A出價並投標高價P，獲得手鍊的代價為$\Pi_A - P - F$，得到手鍊Π_A，除了付罰金F外，還得付投標的高價P，A一定覺得不值得。所以A在第三步驟就不會出價投標。在第二步驟時A看

到B會挑戰投標，於是在第一步驟A只好選擇「放棄」，因為A和B拼到第三步驟會付罰金F，不如在第一步驟選擇「放棄」，報酬為0，因此B在第一步驟就可以得到手鍊。

其實也可以用倒推法來找出子賽局完美均衡——雙方最佳策略選擇。如果 $\Pi_A > \Pi_B$，從第三步驟先比較A選擇策略的報酬大小，如果A選擇「A出價並投標」，獲得的報酬為 $\Pi_A - P - F$；如果A選擇「不出價投標」獲得的報酬為 $-F$。因為A是真的失主，她獲得金鍊的報酬一定大於P，所以 $\Pi_A - P - F > -F$，因此，A會選擇「出價並投標」。接者，把（$\Pi_A - P - F$, $-F$）往前推，接著比較第二步驟B的選擇。如果B選擇「挑戰並投標」，B獲得報酬為 $-F$；如果B選擇「放棄」，B獲得報酬為 0，$0 > -F$，所以B會選擇「放棄」。因此把（Π_A, 0）往前推，接著比較第一步驟A的選擇，如果A選擇「挑戰不放棄」A獲得報酬為 Π_A；如果A選擇「放棄」，A獲得報酬為0，因為 $\Pi_A > 0$，所以A選擇「挑戰不放棄」。因此，綜合以上，可以得到這賽局的子賽局完美均衡為：A選擇「挑戰不放棄」，B選擇「放棄」雙方報酬結果為（Π_A, 0），由A同學獲得手鍊。

如果 $\Pi_B > \Pi_A$，從第三步驟先比較A選擇策略的報酬大小，如果A選擇「A出價並投標」，獲得的報酬為 $\Pi_A - P - F$，如果A選擇「不出價投標」，獲得的報酬為 $-F$。因為B是真的失主，她獲得金鍊的報酬 Π_B 一定大於P；相對於A獲得的報酬 Π_A 一定小於P，所以 $\Pi_A - P - F < -F$，A會選擇「不出價投標」。因此把（$-F$, $\Pi_B - P$）往前推。接著比

較第二步驟B的選擇，如果B選擇「挑戰並投標」，B獲得報酬為Π_B-P；如果B選擇「放棄」，B獲得報酬為0，因為B是真的失主$\Pi_B>P$，$\Pi_B-P>0$，所以B選擇「挑戰並投標」。因此把（$-F$，Π_B-P）往前推，接著比較第一步驟A的選擇，如果A選擇「挑戰不放棄」A獲得報酬為$-F$；如果A選擇「放棄」，A獲得報酬為0，$0>-F$，所以A選擇「放棄」。因此，綜合以上，可以得到這賽局的子賽局完美均衡為：第一步驟A選擇「放棄」，雙方報酬結果為（0，Π_B），由B同學獲得手鍊。

由以上可知，不管A或B同學是真的失主，只要經由以上的篩選訊息的賽局，A與B同學就可以鑑別篩選出誰是真的失主，金飾手鍊會由真的失主獲得。

6.8 傳遞訊息虛張聲勢——爭正妹賽局

有A、B兩個人同時到夜店喝酒，A先看到一位正妹，於是立即坐到正妹旁聊天，B看到A在和正妹聊天，想趕走（欺負）A，以方便和正妹聊天。但是B是個欺善怕惡的人，所以B會先觀察A點什麼酒來喝？再決定是否去趕走A？如果A點啤酒，A是肉腳的可能性較高；如果A點威士忌，A是狠角色的可能性較高。如果兩人對抗時，B會趕走肉腳的A，B可以和正妹聊天；但是B會被狠角色的A趕走，A可以和正妹聊天。

A、B兩人互動會有以下四種情況：（雙方互動的報酬矩陣表，如表6.16）

1.如果A是狠角色，B欺負A，B踢到鐵板會損失2（報酬-2），而A會得到報酬2。

2.如果A是狠角色，B不欺負A，B獲益為0，A會獲益4。

3.如果A是肉腳，B欺負A，B會把A趕走，A損失2（報酬－2），因為 B對抗會付出代價2，和正妹聊天獲益3，所以B會得到報酬1（3－2＝ 1）。

4.如果A是肉腳，B不欺負A，A獲得利益2，而B獲得利益為0。

▶ 表 6.16　爭正妹賽局矩陣表

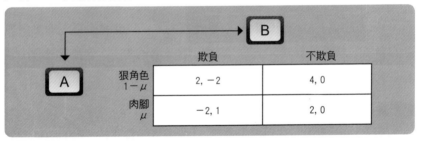

A知道自己是屬於狠角色型或肉腳型，但是B不知道，B只能猜測A 是屬於肉腳類型的機率有多少？假設他猜A肉腳類型的機率值為 μ，狠 角色類型的機率值為$1 - \mu$。現在B沒有資訊可知A是屬於那一個類型， 但是他可以算出：「欺負」A獲得的期望報酬為$\mu \times 1 + (1 - \mu)(-2) = 3\mu - 2$，與「不欺負」獲得的報酬為零。

如果B採「欺負」獲得的報酬大於「不欺負」獲得的報酬，他就會 採「欺負」的策略，也就是$3\mu - 2 > 0$，即$\mu > 2/3$，肉腳類型機率值μ 大於2/3，B才會決定欺負A。

由於B會觀察A的點酒種類來判斷A是否為狠角色或肉腳？如果A知

道自己是肉腳，並無能力喝威士忌（烈酒），但A為了讓B知道自己是一個不好欺負的人，會「故作強勢」，這種行為稱為「架勢」。就好像兩隻狗要打架前，會先拱起身並露出尖牙利齒，試圖讓對手相信他的實力，但如果A是肉腳，他故作強勢點了威士忌，這故作強勢的行為會讓他付出代價C。如果A真的是狠角色，他不用任何代價就能展現自己的實力。

B不知道A是屬於那一種類型？他們之間的訊息是不對稱，我們把它交付給上帝，把雙方互動關係轉換成不完美訊息的樹狀圖（如圖6.13）。首先由自然決定A是「狠角色」還是「肉腳」，接下來由A出手。

如果A是肉腳類型，A有三種策略可以選擇：接受B挑戰但不故作強勢（點啤酒）、接受B挑戰並故作強勢（點威士忌）及不接受B挑戰。A選擇第二項策略「接受B挑戰並故作強勢（點威士忌）」， A必須付出代價C。

如果A是狠角色類型，A有二種策略可以選擇：自動接受B挑戰（點威士忌）及不接受B挑戰。

最後，B面對A的選擇要做出兩個選擇：欺負或不欺負。B看不到A是屬於「狠角色」還是「肉腳」類型，但是B可以看到A的架勢，所以B不能分辨出A點威士忌，是「狠角色」還是「肉腳」類型？我們可以在圖6.13中的虛線部份看到資訊集。

找出貝氏完美納許均衡（Bayesian Perfect Nash Equilibrium:BPNE）須滿足以下兩點要求：

1.參賽者必須在每一節點依照獲得的訊息採取自身最大利益的策略。

2.參賽者可以從觀察到的訊息，應用貝氏定理做出正確的推理。

　　為了滿足BPNE的兩點要求，根據A肉腳類型的機率值為 μ 及A故作強勢付出代價C，來分析三種可能的均衡，分別為分離均衡（Separating Equilibrium）、混淆均衡（Pooling Equilibrium）及半分離均衡（Semiseparating Equilibrium）

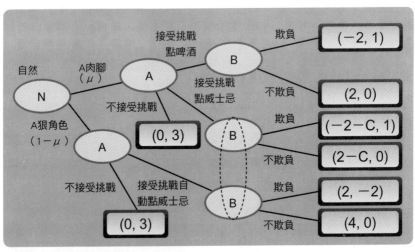

▶ 圖 6.13　爭正妹傳遞訊息賽局樹狀圖

分離均衡（Separating Equilibrium）

　　肉腳A接受B挑戰並故作強勢（點威士忌），如果肉腳A必須付出代價C是非常的高，假設C＞2，A點威士忌的時候，A應該是狠角色；點啤酒的時候，A就應該是肉腳。所以B可以依據A點酒的訊息，很清楚的分

辨出A是狠角色類型或是肉腳類型。我們看圖6.13的上半部，如果A是肉腳他點啤酒並接受B的挑戰，最好的結果是B不欺負他，那麼A會得到2的利潤。但如果A是肉腳他點威士忌並接受挑戰，A故作強勢，A的報酬會減去他故作強勢所付出的代價C。B欺負A，A報酬為－2－C；或B不欺負A ，A報酬為2－C。

　　如果肉腳的A故作強勢（點威士忌）付出的代價C，大於最好的獲利2，只要肉腳A故作強勢的加入挑戰，不管B是選擇欺負或不欺負，A都會獲得負的報酬。因此，肉腳A不會故作強勢去點威士忌來喝。

　　我們用倒推法，先找出A是肉腳類型的樹狀賽局中的子賽局完美均衡。從樹的尾端比較B的選擇，B選「欺負」報酬為1；選擇「不欺負」的報酬為0，所以B不管A是選擇「接受挑戰點啤酒」或是「接受挑戰點威士忌」都會選擇「欺負」A。

　　接下來比較A的選擇，A有三種選擇，A選擇「接受挑戰但點啤酒」的報酬為－2；A選擇「接受挑戰但點威士忌」的報酬為－2－C；A選擇「不接受挑戰」的報酬為0，因為0＞－2＞－2－C，因此，A會選擇「不接受挑戰」的策略。A是肉腳類型的樹狀賽局中的子賽局完美均衡：為A不接受挑戰，雙方報酬為（0,3）。

　　我們再找出A是狠角色類型的樹狀賽局中的子賽局完美均衡。從圖6.13的下半部份的子賽局尾端先比較B的選擇，B選「欺負」報酬為－2；選擇「不欺負」的報酬為0，所以B會選擇「不欺負」的策略，（4,0）的報酬往前移。接下來比較A的選擇，A只有兩種選擇，A選擇

「接受挑戰自動點威士忌」的報酬為4；A選擇「不接受挑戰」的報酬為0，因為4＞0，因此，狠角色A會選擇「接受挑戰自動點威士忌」的策略。A是狠角色類型的樹狀賽局中的子賽局完美均衡：為A選擇「接受挑戰自動點威士忌」的策略，而B選擇「不欺負」的策略，雙方報酬為（4,0）。

由於C＞2的賽局很容易分離出A是狠角色還是肉腳類型，這賽局雙方互動的均衡點叫分離均衡：

1.A是肉腳類型，A不接受挑戰，雙方報酬為（0,3）。

2.A是狠角色類型，A選擇「接受挑戰自動點威士忌」，而B選擇「不欺負」，雙方報酬為（4,0）。

3.在這均衡中，B可以分辨A是肉腳類型還是狠角色類型，所以對B是較有利。

混淆均衡（Pooling Equilibrium）

肉腳A接受B挑戰並故作強勢（點威士忌），如果A付出代價C很小時，假設C＜2，肉腳A故作強勢的意願就很高。因此，B無法很清楚的區分A是狠角色或是肉腳的類型，A故作強勢點威士忌的時候，B內心混合兩種類型，於是需要知道肉腳類型的機率 μ 是多少？才能做決定是否要欺負A？之前我們計算：如果B面對A的兩種類型，B採「欺負」的報酬為 $3\mu-2$，採「不欺負」的報酬為0，如果 $3\mu-2＞0$，即 $\mu＞2/3$，肉腳類型機率值 μ 大於2/3，B才會決定欺負A。相反地，如果 $\mu＜2/3$，

肉腳類型機率值 μ 小於2/3，B就會猶豫了，不一定會走過去欺負A。

　　我們考量B會猶豫的兩個因素：C＜2與 μ ＜2/3，在這兩個條件下，兩種類型的A會混亂B，以致B無法做決定。我們知道B採「欺負」的策略總報酬為3 μ －2，因為 μ ＜2/3，所以採「欺負」的報酬為負的；B採「不欺負」的報酬為0，因此，B最好採「不欺負」的策略。由於B採「不欺負」的策略，肉腳A會故作強勢來騙B，因為C＜2，2－C＞0，肉腳A選擇「接受挑戰點威士忌」比其它的策略都好，肉腳A知道會欺騙成功，肉腳A得到報酬為2－C。

　　由於C＜2與 μ ＜2/3的賽局，B很難區分A是狠角色還是肉腳類型，A的類型對B來看是混淆的（pooling），所以這賽局雙方互動的均衡點叫混淆均衡：

1.A不管是肉腳類型還是狠角色類型，A都會接受挑戰並點威士忌，因此肉腳A會故作強勢。

2.如果B看到A是點威士忌，B就選擇「不欺負」，有兩項雙方均衡報酬（2－C，0）及（4，0）；如果B看到A是點啤酒，B就選擇「欺負」，雙方均衡報酬（－2,1）。（A展現架勢，B就退卻；A沒展現架勢，B就欺負）

3.在這均衡中，B無法分辨A是肉腳類型還是狠角色類型，所以對肉腳類型的A是較有利，因為肉腳A會欺騙成功。

半分離均衡（Semiseparating Equilibrium）

如果肉腳A接受B挑戰並故作強勢（點威士忌），A付出架勢的代價C大於2，A是肉腳的機率μ，不管是多少，B可以分辨A是肉腳類型還是狠角色類型，採取欺負還是不欺負，雙方都會達到分離均衡。如果A付出代價C小於2，而且A是肉腳的機率μ小於2/3時，B無法分辨A是肉腳類型還是狠角色類型，雙方會達到混淆均衡。但是有第三種情況會發生：如果A付出代價C小於2，而且A是肉腳的機率μ大於2/3時，也就是A故作強勢的代價很小，而A是肉腳的機率很高時，這會形成怎樣的結果？假定這種情況雙方會達到一個半分離均衡（如表6.17），以下解釋為什麼？

▶ 表 6.17　爭正妹傳遞訊息賽局的均衡分類

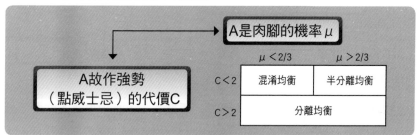

當肉腳A故作強勢付出代價C小於2，而且A是肉腳的機率μ大於2/3時，換句話說，肉腳A會故作強勢，但是A是肉腳的可能性又很高時，面對A採「接受挑戰點威士忌」，B採「欺負」的策略總報酬為$3\mu-2$，因為$\mu>2/3$，所以以採「欺負」的報酬大於1；B採「不欺負」的報酬為0，因此，B最好採「欺負」的策略。但又C＜2，2－C＞0，A可能是肉腳也可能是狠角色類型，如果是狠角色類型，B採「不欺負」的報酬為4，比採「欺負」的報酬2較高，B又會採「不欺負」的策略。

因此，雙方不會篤定地走向混淆均衡：｛A接受挑戰點威士忌，B不欺負｝。他們也不會走向分離均衡：｛A採不接受挑戰｝。因此可知當C＜2時，B無法分辨A是肉腳類型還是狠角色類型，B無法採用欺負還是不欺負的策略？加上當 μ ＞2/3時（A是肉腳的機率很高），肉腳A也不知道要不要採用故作強勢的策略？

根據納許定義：「如果賽局沒有純粹納許均衡，就會有混合策略均衡。」假設雙方有一組混合策略均衡（p, q），肉腳A接受挑戰展現故作強勢（點威士忌）的機率p，不故作強勢的機率為$1-p$。如果A故作強勢，B以q的機率欺負A，不欺負A的機率為$1-q$。

▶ 表 6.18　運用貝氏定理推算表

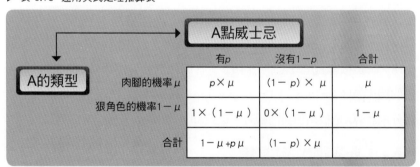

A的類型	A點威士忌		
	有p	沒有$1-p$	合計
肉腳的機率μ	$p \times \mu$	$(1-p) \times \mu$	μ
狠角色的機率$1-\mu$	$1 \times (1-\mu)$	$0 \times (1-\mu)$	$1-\mu$
合計	$1-\mu+p\mu$	$(1-p) \times \mu$	

我們可以用貝氏定理算出：A不同類型與A有沒有點威士忌的不同組合，如表6.18。表中兩列是A的類型：肉腳類型（機率為μ）及狠角色類型（機率為$1-\mu$）；兩欄是A點威士忌（故作強勢）的兩個選項：有或沒有。當肉腳A點威士忌（故作強勢）時的機率p，沒點威士忌（沒故作強勢）的機率為$1-p$。狠角色A會自動點威士忌，其機率為100％＝

1，所以在「沒有點威士忌」的選項為0。表6.18有以下四項組合：

如果肉腳A使用混合策略，A有點威士忌，他的機率為$p \times \mu$。

如果肉腳A使用混合策略，A沒點威士忌，他的機率為$(1-p) \times \mu$。

如果狠角色A使用混合策略，A點威士忌，他的機率為$1-\mu$。（因為狠角色會自動點威士忌$p=1$，沒有故作強勢的可能）。

如果狠角色A使用混合策略，A沒點威士忌，他的機率為$1-p=0$。表6.18中最後一列是每一欄的加總，第一欄的加總為A點威士忌總機率，其中包括肉腳類及狠角色類點威士忌的機率：$1-\mu+p\mu$。第二欄為A沒點威士忌的總機率：$(1-p) \times \mu$，它只有肉腳選擇沒點威士忌的機率。

如果B知道C小於2，而A是肉腳的機率μ大於2/3時，B觀察到A點威士忌時，他會重新計算A點威士忌是肉腳的機率，經由貝氏定理得知（如表6.18），這機率為$p\mu/(1-\mu+p\mu)$。同樣也可以計算A點威士忌是狠角色的機率為$(1-\mu)/(1-\mu+p\mu)$。如果B遇到A點威士忌這情況，他會分別計算A是狠角色與肉腳時，欺負A的總期望報酬為：（參考表6.19）

▶ 表 6.19 B採混合策略的報酬矩陣表

$$1 \times \frac{p\mu}{1-\mu+p\mu} + (-2) \times \frac{1-\mu}{1-\mu+p\mu} = \frac{p\mu-2(1-\mu)}{1-\mu+p\mu}$$

不欺負A的總期望報酬為0。

如果B使用混合策略，欺負A的總期望報酬等於不欺負A的總期望報酬，即上面兩式相等：

$$\frac{p\mu-2(1-\mu)}{1-\mu+p\mu} = 0 \rightarrow p\mu-2(1-\mu)=0 \rightarrow p=\frac{2(1-\mu)}{\mu}$$

上式畫成圖6.14。因為肉腳的機率 μ 大於2/3，μ 從2/3開始遞增到1，p（點威士忌）的機率值也會從1降到0，如圖6.14中可以看到A是肉腳的機率愈來愈高時，A點威士忌的機率 p 愈來愈小，意謂著A愈軟（肉）腳，A愈不可能故作強勢去點威士忌。

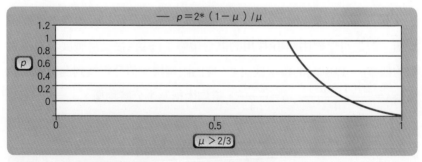

▶ 圖 6.14　肉腳A的機率 μ 與故作強勢的機率 p 值相關圖

　　如果肉腳A故作強勢，B以 q 的機率欺負肉腳A，不欺負肉腳A的機率為 $1-q$。如果A使用混合策略，肉腳A點威士忌（故作強勢）的期望報酬等於肉腳A不接受挑戰的期望報酬，如下：（參考表6.20）

$$q \times (-2-C) + (1-q) \times (2-C) = 0$$

$$\rightarrow 2-C-4q=0 \rightarrow q=\frac{2-C}{4}$$

得到$q=\dfrac{2-C}{4}$

　　因為肉腳A故作強勢的代價C小於2，C從2開始遞減到-2，q的機率值也會從0升到1，如圖6.15中可以看到當A故作強勢的代價C愈來愈低時，B欺負A的機率q愈來愈大。意謂著肉腳A故作強勢的代價愈小，都還在C小於2的範圍內，肉腳A點威士忌（故作強勢）的可能性愈高，所以B看到這情況時，B必須欺負A的可能性就要愈高。相反地，肉腳A故作強勢的代價愈大，都還在C小於2的範圍時，肉腳A點威士忌（故作強勢）的可能性愈低，所以B看到這情況時，B欺負A的可能性就要愈低，因為B可能是真的狠角色。

　　因此，可以看到C＜2，μ＞2/3時，找不到分離均衡也找不到混淆均衡。但是可以經由A與B採用的混合策略：肉腳A接受挑戰展現故作強勢的機率p，以B以q的機率欺負A。經由兩個機率值分析找到混合策略均衡為$p=\dfrac{2(1-\mu)}{4}$，$q=\dfrac{2-C}{4}$，這均衡稱為半分離均衡。

	欺負的 機率q	不欺負的 機率$1-q$	q-mix
A肉腳點威士忌 故作強勢	$-2-C$	$2-C$	$(-2-C)\times q+(2-C)\times(1-q)$
A肉腳不接受挑戰	0	0	0

▶ 表 6.20　A採混合策略的報酬矩陣表

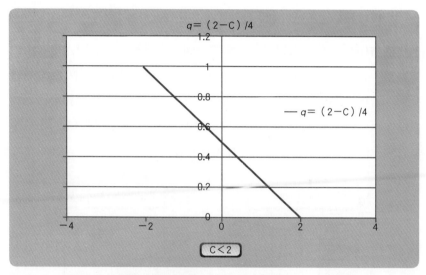

▶ 圖 6.15　肉腳A故作強勢的代價C與B欺負A的q機率相關圖

　　結論：貝氏完美納許均衡和貝氏納許均衡兩者都是不完全訊息的賽局，只是前者是動態不完全訊息賽局，後者是靜態不完全訊息賽局。第二、三章的靜態賽局均衡解為納許均衡，而第五章動態賽局的解為子賽局完美納許均衡，以上四種賽局的解都互相關聯。如果把不完全訊息動態賽局變為靜態不完全訊息賽局時，完全貝氏納許均衡就會變成貝氏納許均衡。如果再把它變為動態完全訊息賽局，均衡解就會變成子賽局貝氏完美納許均衡。如果把它變為靜態完全訊息賽局時，均衡解就會變成純粹納許均衡或混合策略納許均衡。從前面的章節中，可以發現賽局的考量愈來愈接近現實，求解均衡時會將不合理或不實際的解剔除掉，因此得到更精緻的解。

▶問題與討論⋯⋯⋯⋯⋯⋯⋯⋯⋯⋯⋯⋯⋯⋯⋯⋯⋯⋯⋯⋯⋯⋯⋯⋯⋯⋯⋯⋯⋯

1.在社會中經常看到人類自私冷漠的一面，深夜裡有一個婦人走在街上被搶，當她大聲呼救時，大部份人都會把窗門關緊，以防被流彈打到，這和我們被教導的倫理道德相違背。以下圖（a）是你和鄰居看到這件事時的互動報酬表，其中你是冷漠無情的類型，圖（b）的報酬表顯示你是具有撒瑪利亞人的心（有愛心）。

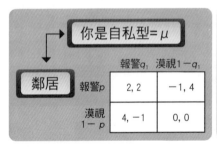

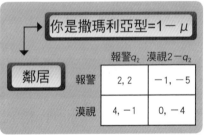

▶ 表（a）鄰居對上你是自私型（Type 1）　　▶ 表（b）鄰居對上你是有愛心型（Type 2）

（1）請解出表（a）及表（b）雙方的純粹納許均衡組合（NE）。

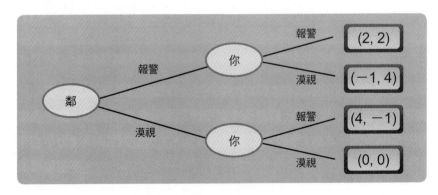

(2)把表（a）轉換成樹狀賽局圖，由完全訊息靜態賽局轉為完全訊息動態賽局，請解出這樹狀圖的子賽局完美均衡組合（SPNE）？

(3)在表（a,b）中，這賽局是不完全訊息靜態賽局，請求出貝氏納許均衡（BNE）？

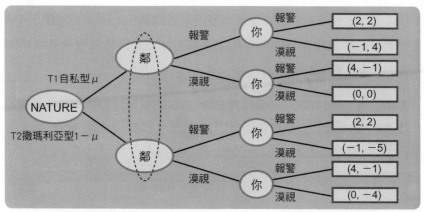

(4)如上圖表假定你是自私類型的機率 μ 為0.2，你是撒瑪利亞類型的機率$1-\mu$ 為0.8，請參考均衡策略（BNE）後，根據貝氏定理計算自私類型及撒瑪利亞型類型的後驗機率為多少？

2.小明與小華在窗戶外打球，突然玻璃窗被球打破，這時爸爸非常生氣的走到窗外問小明與小華是誰把玻璃窗打破？但是小明與小華兩人都矢口否認。假定戶外只有他們兩人，請問你要怎麼問話，才可以篩選出是誰丟球把玻璃窗打破？

3.有一個笑話，甲、乙兩個人同時進入一台電梯，從1樓坐到15樓，在電梯上升的途中，忽然甲聞到一股異味，就對著門說：「是誰在放

屁，真缺德！」乙聽到甲的話，就立即說：「這裡就我們兩個人，不是你，難道是我嗎？」請問哪位是用傳訊的策略？哪位是用篩選的策略？來對抗對方。

4. 在社會新聞中看到有人為了詐領保險金，將自己的手掌砍斷，但申請保險金時，總是可以被保險公司發現是詐欺事件。因此，保險公司通常對於保險人投保的範圍會加以限制，以下是詐領保險金賽局矩陣表，兩者互動報酬結果如下：

如果投保人是詐欺者，保險公司准許詐欺者投保，詐欺者得到高額理賠金4，而保險公司損失理賠金－4。

如果投保人是詐欺者，保險公司不許詐欺者投保，詐欺者被列為黑名單失去報酬－2，而保險公司沒有損失，報酬為0。

如果投保人是有錢人，保險公司准許投保，雙方均會獲利3。

如果投保人是有錢人，保險公司不准許投保，投保人不會損失其獲利為0；而保險公司失去投保人的生意損失3，報酬為－3。

保險公司經由投保人的投保金額高低來判斷投保人是否為詐欺者？這是投保人傳遞投保金額高低訊息的賽局。投保人投保金額高可能是詐欺者的機率愈高；相反地，投保人投保金額低，就愈不可能是詐欺者，是正常投保人的機率就愈高。

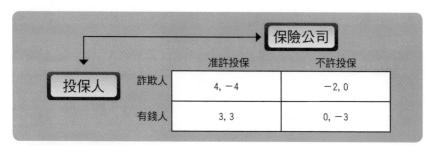

▶ 詐領保險金賽局矩陣表

投保人忽然提高投保金額他會有兩種可能（兩種類型），一是詐欺者，另一是有錢人（正常人）。保險公司會觀察投保人的投保金額高低，來判斷投保人是否為詐欺者或有錢人？如果投保人是詐欺者，為了讓保險公司知道他是有錢人，他增加投保金額，他付出的代價為 C。如果投保人真的是有錢人，他不用任何代價就能讓保險公司知道他是有錢人。

保險公司不知道投保人是屬於哪一種類型？他們之間的訊息為不對稱，把雙方互動關係轉換成不完全訊息的樹狀圖（如下圖）。

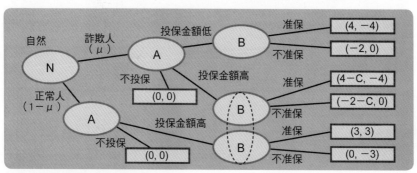

▶ 詐領保險金不完全訊息賽局樹狀圖

假定投保人是詐欺類型的機率值為 μ 及詐欺者付出代價c，請依據BPNE的兩點要求，來分析以三種可能的均衡：分離均衡、混淆均衡及半分離均衡。

第五部份　合作賽局

賽局區分合作與非合作賽局兩種。非合作賽局中玩家間的目標是競爭且衝突的，玩家間互動的結果會達到一個均衡點，如果利用獎勵或懲罰的方式達到一個合作性隱性勾結，這個結果還是屬於非合作賽局的動態均衡解。合作賽局是制定玩家們合作的約定，合作的結果對大家都好，會有好的結果，並依照約定分配玩家們的獲利。

【第七章】 合作賽局

之前的章節都是介紹非合作賽局，然而這世界上有許多的現象，並不是只有和對手競爭的非合作賽局，有時候需要和他人合作得到較多的利潤，這些利潤你要得到多少？與你合作的人要得到多少才合理？這是一個合作談判的問題。周遭處處都存在合作談判問題，例如小朋友分享玩具、遺產的分配、勞工薪資問題及立法院通過法案政黨配票問題等等。

這章介紹合作賽局，從合作者間分享利益的談判問題探討，瞭解兩人合作賽局的納許合作解（Nash Cooperative Solution）。接著分析破產問題，探討多人分配債務的聯盟賽局（coalition game），找出分配集合的賽局核心解（core）。然後介紹多人合作解決薪資問題的賽局，探討夏普利值（Shapley value）的解決方法。以及應用夏普利值的權力指數，探討立法院通過法案時政黨配票的問題。最後介紹藍徹斯特法則，它可以計算玩家結盟的利弊得失。

7.1 納許談判解

有兩個小朋友（A、B）相約在榕樹下玩玩具，如果只有一個人帶玩具來玩，兩人只能共玩一份玩具，而且帶玩具的人較吃虧。但是如果兩人都帶玩具，雙方都會玩到更多的玩具，因此兩人都帶玩具的整體利潤大於單獨利潤，他們才會合作，並且談判誰可以玩較多的玩具（分配多少）？

一般來說所有談判有兩個共同點：

1. 談判中各玩家達成協議的總報酬應大於玩家各自處理事件而得到的報酬總和。（整體合作獲得的報酬總和－各自獨立運作獲得的報酬總和）＝超額價值＞0。

2. 當超額價值存在時，會根據每個玩家對整體的貢獻，達成談判的結果，這結果就是分配超額價值的方法。

假設波斯灣戰爭中，美國與英國結盟攻打伊拉克，美國出兵花費900億美元，而英國出兵花費100億美元。他們推翻伊拉克政權後，管理伊拉克境內油田，預計開採原油可獲利3000億美元，美國和英國都宣稱在這場戰爭中，都盡全力合作完成任務，缺少其中一國的幫助，就無法完成任務，美國和英國要怎麼分這3000億才合理？

大家都知道，這可能沒有一個正確的答案。公平分配是一個概念，它可能會依邏輯及社會習俗來制定。一般來說會有兩種不同的解決方案：一種是按「貢獻比例分配」，另一種是「平均分配」。

你和朋友去餐廳吃飯，到付帳時，大家最終會依自己點餐的價錢各付各的。聖誕節到了，父母會依據年齡來給不同價值的禮物，相同年齡

的小孩會得到一樣（等值）的禮物。前面的分法是按比例分，後面的是同年齡小孩平均分父母的預算。

如果兩個開採原油的獲利3000億美元減兩個付出的花費成本1000億美元（900＋100）等於淨獲利（盈餘）2000億美元（3000－1000）。平均分配每一國1000億美元，美國可以獲得1900億美元（1000＋900），而英國可獲得1100億美元（1000＋100）。你是美國的話一定不願意「平均分」。如果按貢獻比例分配總獲利3000億美元，美國與英國的貢獻比例為9：1，所以美國可以獲得2700億美元，而英國可獲得300億美元，你是英國的話一定不願意「比例分」。如果雙方堅持己見，就無法達成談判的協議。他們於是尋找第三公正仲裁者（國）來評斷要如何分配這些獲利！仲裁者會考查這次合作雙方的貢獻事實，來訂定分配的比例，以這公斷的比例來分配淨獲利。假定仲裁者所決定的分配比例，有利於美國，是4：1。也就是美國應該獲得4/5的盈餘，2000×4/5＝1600億美元；而英國獲得1/5的盈餘，2000×1/5＝400億美元。

將以上的條件以多項式來呈現，假設美國付出的成本為a，英國付出的成本為b。兩國合作後可分配的總利潤為v，美國獲得的數量為x，英國獲得的數量為y，美國與英國分配盈餘的比例為k：h，可以得到以下聯立方程式：

$$\begin{cases} x+y=v \\ \dfrac{x-a}{y-b}=\dfrac{k}{h} \end{cases}$$

在圖7.1中畫出$x+y=v$的直粗線，以及$\dfrac{x-a}{y-b}=\dfrac{k}{h}$的直虛線，兩線交點為聯立方程式的解，交點為$Q$點，座標為（$x'$, y'），這個點為納許合作解（Nash Cooperative Solution）。而P點為雙方最大容忍限度的共同點，座標為（a, b）。將上例以數字代入聯立方程式：

$$\begin{cases} x+y=3000 \\ \dfrac{x-900}{y-100}=\dfrac{4}{1} \end{cases}$$

算出納許合作解$x=2500$，$y=500$。所以美國獲得盈餘$(2500-900)=1600$億美元；而英國獲得盈餘$(500-100)=400$億美元。

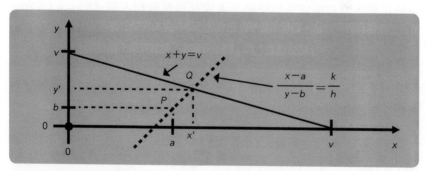

▶ 圖 7.1　納許合作解圖示

7.2 猶太塔木德法典（Talmud）處理破產問題

一個合作賽局的解為「核」（core）。當有兩個以上的玩家決定要聯盟共同合作獲得利益，他們會形成一合作賽局（coalition game），假定這合作賽局有n位玩家，用1，2，3…n代表所有的玩家，所有玩家的集合為$N=\{1，2，3…n\}$。所有玩家合作的組合都可能會形成結盟（coalition），這些結盟的組合為N集合的次集合，次集合的總數為2^n-

1，所以有2^n-1個結盟可能。如果玩家結盟的集合為C，他們結盟合作後會獲得利益，設定$v（C）$為結盟獲利（總盈餘）函數，也稱為特徵函數（characteristic function），這函數是玩家都知道的事，對所有玩家是完全訊息。

　　例如有三個紅軍玩家（X、Y、Z）共謀圍剿藍軍，三玩家的付出成本X＝3、Y＝4、Z＝5個單位。玩家結盟的集合為C＝｛X｝、｛Y｝、｛Z｝、｛X，Y｝、｛X，Z｝、｛Y，Z｝、｛X，Y，Z｝7種可能。藍軍被紅軍殲滅，則紅軍X、Y、Z都可以獲利，如果三玩家各自執行圍剿的任務，會被藍軍各個擊破，大家都無法獲利，即$v(X)=v（Y）=v（Z）=0$。如果X、Y合作，計算X、Y兩玩家的付出成本減掉總獲利等於總盈餘2單位，即$v(X，Y)=2$。X、Z合作，總盈餘10單位，即$v（X，Z）=10$。Y、Z合作，總盈餘－1單位，即$v（Y，Z）=-1$。如果三人合作，總盈餘3單位，即$v（X，Y，Z）=3$。整理如下：

　　$v（X）=v（Y）=v（Z）=0，v（X，Y）=3，v（X，Z）=10，v（Y，Z）=-1，v（X，Y，Z）=3$。

　　由以上可知合作後會獲得最佳的利潤是：X、Z合作獲得最高總盈餘10單位，$v（X，Z）=10$。反觀三人合作的獲利總盈餘只有3單位，$v（X，Y，Z）=3$。因此這合作賽局的最佳解為：X和Z合作，這個合作集合的獲利，不會因為Y的加入，而增加利潤，因此｛X，Z｝阻斷了（block）X、Y，Z三人合作的可能，無法分配總盈餘給Y。｛X，Z｝集合是最大化利潤的結果，稱為這個合作賽局的核（core）。核存在條件

必須有利可圖，設定玩家合作付出的成本P_i，$i=1,2,3\cdots n$，也就是合作的總盈餘大於合作付出的成本，滿足下式：

$$v(c) > \sum_{i.\,in.\,c} p_i$$

如果無法滿足上式，則這合作賽局沒有解，也就是沒有核，合作賽局可能有很多核，也有可能沒有核。

賽局理論中另一合作賽局解——「核仁」（nucleolus），它和古代猶太人分配破產問題的原理一樣。在二千多年前的巴比倫猶太法典——「塔木德」就已經記述如何去分配債務問題，在法典中有一分配表記錄著一個債務人破產後，如何將債務人所剩餘的資產做合理的分配。

有一個人在破產前欠了三個人（A、B、C）的錢，分別為A：100元，B：200元，和C：300元，現在有三種情況發生，第一種情況，破產人剩餘資產只有100元。第二種情況，破產人剩餘資產為200元。第三種情況，破產人剩餘資產為300元。請問猶太法典針對以上三種情況會如何分配給A、B、C？

如果他的資產只剩100元，猶太法典建議平均分配給每一個債權人，也就是各為$33\frac{1}{3}$，這是一個資產平均分配的方法。如果他的資產只剩300元，猶太法典建議按比例分配給每一個債權人，也就是A：50元、B：100元、C：150元。你或許覺得兩個不同的資產怎麼會有兩個不同的分法？但是更奇怪的是，如果資產剩200元時，又有另一種分法，猶太法典建議的分法為A：50元、B：75元、C：75元，這種分法不是

按比例分配也不是平均分配，那它是什麼分配方法？為什麼B和C債權人會得到相同的75元？這些數字是如何算來的？許多學者都以為是不是法典的原稿寫錯了！表7.1是塔木德法典的解決方法：

▶ 表 7.1　塔木德法典的破產分配對照表

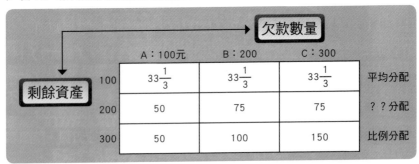

	欠款數量			
	A：100元	B：200	C：300	
剩餘資產 100	$33\frac{1}{3}$	$33\frac{1}{3}$	$33\frac{1}{3}$	平均分配
200	50	75	75	？？分配
300	50	100	150	比例分配

　　過了二千多年，沒有一個學者知道這些分配數字是根據什麼規則算出來的，一直到1980年Robert Aumann和Michael Maschler在一篇論文中解開這謎題。

米書拿（Mishna）分配法

　　塔木德法典內記載的文件是以米書拿律法為主體，所以稱這分配方法為「米書拿分配法」。它的解決方法是：「將有爭議的部份均分。」首先將剩餘資產分配給3人，簡化為分配給2人。在法庭上，假設有兩個人（A、B）爭論一包衣物。A自稱有一半是屬於他的，B自稱全部是屬於他的。你是法官要決定怎麼分？你可能會提出均分法（$\frac{1}{2}$，$\frac{1}{2}$）或按比例分（$\frac{1}{3}$，$\frac{2}{3}$）。

但是，塔木德法典提供了一個不同的方法，它將有爭議的部份均分，會得到這個答案（$\frac{1}{4}$，$\frac{3}{4}$），A得到$\frac{1}{4}$，而B得到$\frac{3}{4}$。我們來看它是如何做到的，它的原理可以分為三步驟。

第一，「確定哪些部份是存在爭議」。在以上的案例中，A自稱有一半是屬於他的，B自稱全部是屬於他的，正好有一半（$\frac{1}{2}$）的衣物是雙方都聲稱是自己的，所以這一半是有爭議的部份。

第二，「均分雙方之間有爭議的部份」，有爭議的部份是$\frac{1}{2}$；因此，均分$\frac{1}{2}$給兩個人，就是$\frac{1}{4}$。

第三，「將沒有爭議的部份全部給聲稱屬於自己的人。」有爭議的部份是$\frac{1}{2}$（A、B都聲稱）；沒有爭議的部份也是$\frac{1}{2}$（只有B聲稱，因為他宣稱全部都是他的），所以將這沒有爭議的部份$\frac{1}{2}$給B。

以上統計：A得到$\frac{1}{4}$，而B得到$\frac{1}{4}+\frac{1}{2}=\frac{3}{4}$。這結果的分配邏輯為：將這衣物的$\frac{1}{4}$分給A（自稱有一半是屬於他的）；將衣物的$\frac{3}{4}$分給B（自稱全部是屬於他的），如表7.2。

▶ 表 7.2 一包衣物分配表

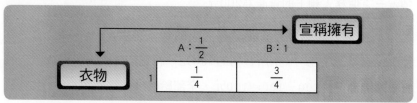

這個答案可能你覺得很很奇怪，但這分配方法是依照於社會習俗而

制定。我們可以用這種分配原理應用在其它的案例。回到猶太人破產問題的債務分配，先將問題縮小，假設有兩個債權人A和C，債務人剩下的資產有三種情況分別為$66\frac{2}{3}$元、125元及200元，債權人A宣稱債務人欠他100元和C宣稱債務人欠他300。

應用以上的三步驟分別計算不同情況的債務分配。

情況一：債務人剩下的資產為$66\frac{2}{3}$元

因為雙方宣稱債務人欠的錢，分別A：100元，C：300元，他們宣稱的錢都大於剩下的資產$66\frac{2}{3}$元，所以有爭議的部份為$66\frac{2}{3}$元，將它均分為$33\frac{1}{3}$元，所以每個人都可得到$33\frac{1}{3}$元。

情況二：債務人剩下的資產為125元

因為雙方宣稱債務人欠的錢（分別A：100元，C：300元），有爭議的部份為A所宣稱的100元，將它均分兩人各得50元。沒有爭議的部份為125－100＝25元分給C。所以A得到50元，C得到50元加上25元為75元。

情況三：債務人剩下的資產為200元

同樣地，因為雙方宣稱債務人欠的錢（分別A：100元，C:300元），有爭議的部分為A所宣稱的100元，將它均分兩人各得50元。沒有爭議的部份為200－100＝100元，全部給C。所以A得到50元，C得到50元加上100元為150元。整理三種情況如下表7.3。

► 表 7.3 A、C分配表

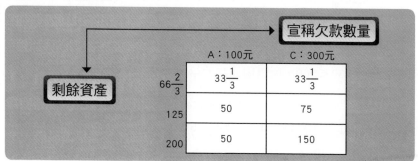

同理地，可以比較A和B的情況，雙方宣稱債務人欠的錢，分別A：100元，B：200元。以及比較B和C的情況，雙方宣稱債務人欠的錢，分別B：200元，C：300元，用米書拿分配法的三個步驟，得到表7.4及表7.5。

► 表 7.4 A、B分配表

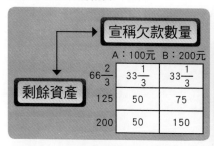

► 表 7.5 B、C分配表

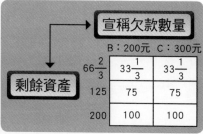

有了以上初步的解說後，可以解釋猶太人如何處理破產債務分配的問題，一個人在破產前欠了三個人（A、B、C）的錢，分別為A：100元，B：200元和C：300元，如果破產人剩餘200元，塔木德法典建議的分法為A：50元，B：75元，C：75元。以下分析為什麼會有這個答案？

首先我們以兩人（A：100元，B：200元）為例，同樣地，運用原理三步驟，有爭議的部份為A所宣稱的100元，將它均分兩人各得50元。剩餘200元減50元等於150元，給B和C，所以B和C有爭議的部份為200元剩餘150＜200，所以均分75元給B和C。

Robert Aumann和Michael Maschler應用「連通管法則」（Rule of Linked Vessels）來解釋米書拿分配法的原理：

同樣假設有兩個債權人A和B，想像有兩個不同容量的容器，他們的容量代表他們所宣稱的欠款數量（如圖7.2），把它們的容量上下各切一半，100容量上半部是50，下半部是50；200容量上半部是100，下半部是100，水量為剩餘的資產（金額），連接容器中間的水管水量，把它忽略不考慮。當水量為125時，將水量注入兩個容器內，由於地心引力，會將第一個容器A下半部先補滿，剩餘的75再流給容器B下半部。所以兩者的分配為：A分50，B分75。

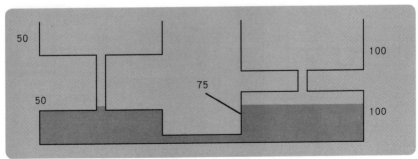

▶ 圖 7.2 A和B容器注入水量125單位

當水量為175時，將175水量注入A和B兩個容器，會將第一個容器

A下半部50先補滿，剩餘的125再流給容器B下半部100，再流入容器B上半部25。所以兩者的分配為：A分50，B分125。如下圖7.3。

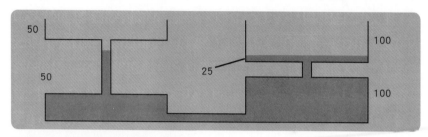

▶ 圖 7.3　A和B容器注入水量175單位

　　現在畫出三個容器也就是有三個債權人，A：100元、B：200元和C：300元。把它們的容量各切一半，A：100容量上半部是50，下半部是50；B：200上半部的容量是100，下半部同為100；C：300上半部容量是150，下半部同為150。如果水量200為剩餘的資產（金額），將200量注入三個容器中，會將第一個容器A下半部50先補滿，剩餘的150會平均流給容器B及容器C的下半部各75的水。所以三者的分配為：A分50，B分75及C分75。如圖7.4。

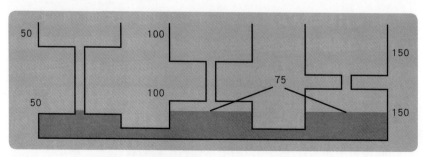

▶ 圖 7.4　A、B和C容器注入水量200單位

如果水量400為剩餘的資產（金額），將400水量注入三個容器中，會將第一個容器A下半部50先補滿，剩餘的350會流給容器B及容器C，它們的下半部都補滿後，三個容器的水量共用了300，400減300等於100，剩下的100會往容器B及容器C上半部流。在圖7.5中，由於容器B及容器C上半部剩下的空間會相等，容器B及容器C上半部的空間量共250（B：100，C：150），剩下的100流入後剩150，因為容器B及容器C上半部剩下的空間會相等，150切一半為75，B上半部容量100減75為25（流給B上半部的水量）；C上半部容量150減75為75（流給C上半部的水量），所以三者的分配為：A分50，B分100＋25＝125及C分150＋75＝225。如圖7.5。

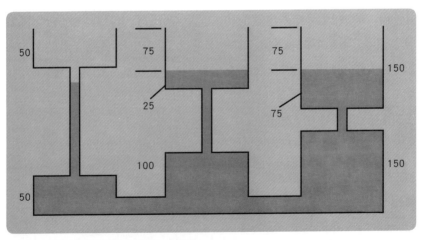

▶ 圖 7.5 A、B和C容器注入水量400單位

同理可用連通管法則可以將塔木德內記載的表7.5一一解出。

▶ 表 7.6 塔木德破產分配表

		債權人宣稱	
	100	200	300
0	0	0	0
50	$16\frac{2}{3}$	$16\frac{2}{3}$	$16\frac{2}{3}$
100	$33\frac{1}{3}$	$33\frac{1}{3}$	$33\frac{1}{3}$
150	50	50	50
200	50	75	75
250	50	100	100
300	50	100	150
350	50	100	200
400	50	125	225
450	50	150	250
500	$66\frac{2}{3}$	$166\frac{2}{3}$	$266\frac{2}{3}$
550	$83\frac{1}{3}$	$183\frac{1}{3}$	$283\frac{1}{3}$
600	100	200	300

（左側標示：債權人剩餘財產）

7.3 夏普利值計算

　　一個合作賽局中，有可能找不到核心解，但是夏普利（Lloyd Shapley）在1953年提出另一個合作賽局解，他根據各玩家和其它玩家結盟後得到的利潤，來計算各玩家的整體貢獻程度（marginal contributions），這個對整體貢獻程度可以計算出一個值（value），這值稱做夏普利值（Shapley value）。

　　假設賽局中有n個玩家，所有玩家的集合為$N = \{1，2，3\cdots n\}$，

令v為一個可由多人合作的工作，而C表示可以參與工作的玩家集合（即玩家結盟的集合）。若C為N的一個子集$C \subset N$，則$v(C)$表示C人合作時可以得到的利潤，也稱為賽局的特徵函數。

夏普利認為滿足三個條件，就可以計算每一個玩家的貢獻程度（即夏普利值），這個玩家們的夏普利值集合是大家都認為可以接受的分配集合。以$\varphi_i(V)$表示第i個玩家在v工作中該得到的分配報酬，即為玩家i的夏普利值。夏普利三個條件如下：

1. 個人得到的報酬只與他對團體的貢獻有關，即同工同酬。不同的人，如果對團體貢獻一樣，得到的報酬也會一樣，即若i與j互換而不影響v時，則$\varphi_i(V) = \varphi_j(V)$。

2. C集合內所有參與合作的玩家，合作後獲得的總報酬全數會分配給C集合裡的玩家，有貢獻才會得到報酬。即$\sum_{i \in C} \varphi_i(V) = V(C)$。

3. 若有一參與合作的玩家i，在團體中貢獻兩份為v_1及v_2，$v \in v_1, v_2$，則$\varphi_i(V_1, V_2) = \varphi_i(V_1) + \varphi_i(V_2)$即做兩次就得到兩份的報酬，做多少工作就得到多少報酬。

只要滿足以上三條件，$C \subset N$，以及知道大家互相合作會得到多少報酬$v(C)$，即可求出每個人的夏普利值，即i玩家的$\varphi_i(V)$，公式如下：

$$\varphi_i(V) \sum_C r_n(k)[V(C) - V(C - \{i\})]$$

k為C結盟的集合中玩家的數量，即合作結盟的數量。

$$r_n(k) = \frac{(n-k)!\,(n-1)!}{n!}$$

$r_n(k)$ 表示在所有玩家 $1, 2, \cdots, n$ 排列中，$\{i\}$ 在 k 位置而能保持前後成員不變的或然率。k 是 C 所含的元素數目，也就是 $\{i\}$ 成為 C 中加入成員的或然率。

$V(C-\{i\})$ 代表在結盟 C 集合中減去玩家 i，所獲得的報酬。$V(C)-V(C-\{i\})$ 表示的是 $\{i\}$ 加入 C 時所增加的邊際利潤，也就是 $\{i\}$ 所帶給 C 的利潤。

以下舉一個例子，來瞭解夏普利值的分配方法。你和小林在一家小餐廳當服務生，餐廳的生意還不錯，你和小林每天要負責點餐、端菜、洗碗盤及做雜事，從下午開門到晚上關門，每天不停的做，非常的累，你覺得餐廳的收入很多，應該多分些利潤，但是老闆一直沒有加薪，是老闆剝削得太厲害，還是你要求的太過份？

假定這家小餐廳有一個老闆（頭家）、一個廚師及二個服務生（你和小林），老闆出資裝潢餐廳及購買設備，如果沒有老闆，這餐廳就不能開業賺錢。若老闆與廚師合作，沒有服務生，則二人做服務生的工作，生意會應付不來，造成利潤減少，餐廳每月只賺4萬元。若加入一個服務生幫忙，服務生可分擔工作，因此業績增加，三人合作每月可賺10萬元。若再加一個服務生，則每月可賺16萬元。但若只有老闆與服務生而沒有廚師負責下廚，則餐廳也不能營業。請問每月16萬元的利潤要如何分配這四人才合理？

　　夏普利值的分配方法如下：設定四人的總集合N＝｛頭，廚，你，林｝即n＝4。先算頭家的夏普利值，四人可能合作的集合C，即N的子集合，C共有2^4-1＝15個可能合作的集合，細列如下：

1. 空集合及含有一個玩家的集合（$k=0,1$），V（頭）＝V（廚）＝V（你）＝V（林）＝0所獲得的報酬均為零，即$[V（C）-V（C-\{i\}）]＝0$。

2. 有二個玩家（$k=2$）合作的集合有6個：｛頭，廚｝，｛頭，你｝，｛頭，林｝，｛廚，你｝，｛廚，林｝，｛你，林｝，只有｛頭，廚｝合作的集合會產生利潤4萬，代入公式$[V（頭，廚）-V（廚）]$＝4－0＝4。

$k=2, n=4$

$$r_n(2) = \frac{(4-2)!\,(2-1)!}{4!} = \frac{1}{12}$$

3. 有三個玩家（$k=3$）合作的集合有4個：｛頭，廚，你｝，｛頭，廚，林｝，｛頭，你，林｝，｛廚，你，林｝。計算頭家加入三個合作玩家的集合，只有3個集合會增加的邊際利潤，如下：

V（頭，廚，你）$-V$（廚，你）＝10－0＝10

V（頭，廚，林）$-V$（廚，林）＝10－0＝10

V（頭，你，林）$-V$（你，林）＝0－0＝0

$k=3, n=4$

$$r_n(3) = \frac{(4-3)!\,(3-1)!}{4!} = \frac{1}{12}$$

4.有四個玩家（$k=4$）合作的集合只有1個：｛頭，廚，你，林｝。計算頭家加入4個合作玩家的集合時所增加的邊際利潤：

$$V（頭，廚，你，林）-V（廚，你，林）=16-0=16$$

$k=4, n=4$

$$r_n（4）=\frac{（4-4）!（4-1）!}{4!}=\frac{1}{4}$$

整理頭家在以上集合的或然率及貢獻的邊際利潤，得到頭家的夏普利利值：

$$\varphi_頭（V）=\frac{1}{12}\times 4+\frac{1}{12}\times（10+10）+\frac{1}{4}\times 16=6$$

同樣的方法也可以計算廚師的夏普利值：

1.有二個玩家（$k=2$）合作的集合，只有｛頭，廚｝合作的集合會產生利潤，代入公式 $[V（頭，廚）-V（廚）]=4-0=4$。

2.有三個玩家（$k=3$）合作的集合有4 個，但加入廚師的只有3個，廚師的邊際利潤如下：

$$V（頭，廚，你）-V（頭，你）=10-0=10$$

$$V（頭，廚，林）-V（頭，林）=10-0=10$$

$$V（廚，你，林）-V（你，林）=0-0=0$$

3.有四個玩家（$k=4$）合作的集合只有1個。計算廚師加入4個合作玩家的集合時所增加的邊際利潤：

$$V（頭，廚，你，林）-V（頭，你，林）=16-0=16$$

廚師在以上集合的或然率及貢獻的邊際利潤：

$$\varphi_{廚}(V) = \frac{1}{12} \times 4 + \frac{1}{12} \times (10+10) + \frac{1}{4} \times 16 = 6$$

接著計算你的夏普利值：

1. 有二個玩家（$k=2$）合作的集合有6個：｛頭，廚｝，｛頭，你｝，｛頭，林｝，｛廚，你｝，｛廚，林｝，｛你，林｝，沒有一個集合會讓你產生利潤。

2. 有三個玩家（$k=3$）合作的集合有4個，但加入你的只有3個，你的邊際利潤如下：

$$V(頭，廚，你) - V(頭，廚) = 10 - 4 = 6$$

$$V(頭，你，林) - V(頭，林) = 0 - 0 = 0$$

$$V(廚，你，林) - V(廚，林) = 0 - 0 = 0$$

3. 有四個玩家（$k=4$）合作的集合只有1個。加入你時所增加的邊際利潤：

$$V(頭，廚，你，林) - V(頭，廚，林) = 16 - 10 = 6$$

你在以上集合的或然率及貢獻的邊際利潤：

$$\varphi_{你}(V) = \frac{1}{12} \times 0 + \frac{1}{12} \times 6 + \frac{1}{4} \times 6 = 2$$

最後計算小林的夏普值：

1. 有二個玩家（$k=2$）合作的集合，同樣沒有一個集合會讓小林會產生利潤。

2. 有三個玩家（$k=3$）合作的集合有4個，加入小林的只有3個，小林的邊際利潤如下：

$$V(頭，廚，林) - V(頭，廚) = 10 - 4 = 6$$

V（頭，你，林）$-V$（頭，你）$=0-0=0$

V（廚，你，林）$-V$（廚，你）$=0-0=0$

3. 有四個玩家（$k=4$）合作的集合只有1個。加入小林時所增加的邊際利潤：

V（頭，廚，你，林）$-V$（頭，廚，你）$=16-10=6$

小林在以上集合的或然率及貢獻的邊際利潤：

$$\varphi_{\text{林}}(V)=\frac{1}{12}\times 0+\frac{1}{12}\times 6+\frac{1}{4}\times 6=2$$

夏普利提供的分配方法為：每月餐廳賺的16萬元，頭家和廚師分別給6萬元，而你和小林同樣拿到2萬元，如果大家合作的貢獻滿足夏普利的三個條件，則這個利潤分配方法會是大家都可以接受的方法。

7.4 法案投票合作賽局

立法委員通過法案必須超過全數的一半（1/2），這種大家合作投票的賽局稱為多數決賽局（majority game）。如果立法院有四個政黨，每個政黨的席次為：藍39席，綠34席，橙16席，黃11席，共100席，每個立法委員有所屬的政黨，他們必須以黨團決定 「贊成」或「反對」，來投下自己的票。如果你是藍黨的立法委員，藍黨決定某個法案投「贊成票」，你在投票時，就必須投「贊成票」，如果你投「反對票」，藍黨就會處罰你，其它黨的委員也會按照所屬黨團的決定來投票。

由以上四個政黨的席次數量可知：沒有一個政黨的席次超過一半，

也就是必須依賴其它政黨的幫助才可能通過法案。因此可以依據各黨的席次多寡，利用夏普利值的公式來計算每個政黨通過法案的影響力，這影響力由shapley、Martin Shubik和john Banzhaf提出，稱做「力量指數」（Power Index）。

假定有一財團希望立法院能通過一項對財團有利的法案，財團決定以一百萬來當「政治獻金」，捐贈給四個黨做為通過法案的酬謝金，請問財團要怎麼分這一百萬給四個黨才合理？

上節夏普利公式中的$V（C-\{i\}）$代表在結盟C集合中減去玩家i，所獲得的報酬。$V（C）-V（C-\{i\}）$表示的是$\{i\}$加入C時所增加的邊際利潤，也就是$\{i\}$所帶給C的利潤，也可以是玩家i在結盟C集合中的安全水準（Security level），如果$V（C）-V（C-\{i\}）$有大於0的利潤，表示玩家i對結盟C集合有貢獻，對團體來說達到安全性的水準。在權力指數的計算方法中，假定結盟可以通過法案（政黨合作的席次大於總數的一半），稱為成功結盟集合C'（winning coalition），他們結盟的安全水準$V（C'）-V（C'-\{i\}）$等於1；反之，如果結盟無法通過法案，則$V（C'）-V（C'-\{i\}）$等於0。因此可以將夏普利公式簡化為：

$$\varphi_i（V）=\sum_{\substack{c \\ k \in c}} \frac{（n-k）!（k-1）!}{n!}[V（C）-V（C-\{i\}）]$$

$$\rightarrow \varphi_i（V）=\sum_{c'} \frac{（n-k）!（k-1）!}{n!}$$

四個政黨合作通過法案，可以視為一場四人投票合作的賽局，根據

各政黨的席次數量，藍39席，綠34席，橙16席、黃11席，他們結盟通過法案（結盟總數大於50席）的組合有以下：

　　兩政黨結盟通過法案的成功結盟集合只有2個：｛藍，綠｝，｛藍，橙｝。藍黨加綠黨數量為39＋34＝73，藍黨加橙黨數量為39＋16＝55。或然率如下：

$$k＝2，n＝4，r_n（2）＝\frac{（4-2）!（2-1）!}{4!}＝\frac{1}{12}$$

　　三政黨結盟通過法案的成功結盟集合有4個：｛藍，綠，橙｝，｛藍，綠，黃｝，｛藍，橙，黃｝，｛綠，橙，黃｝。藍加綠加橙黨數量為39＋34＋16＝89，藍加橙加黃黨數量為39＋16＋11＝66，綠加橙加黃黨數量為34＋16＋11＝61。或然率如下：

$$k＝3，n＝4，r_n（3）＝\frac{（4-3）!（3-1）!}{4!}＝\frac{1}{12}$$

　　四政黨結盟通過法案的成功結盟集合只有1個：｛藍，綠，橙，黃｝，藍加綠加橙加黃黨數量為39＋34＋16＋11＝100。或然率如下：

$$k＝4，n＝4，r_n（4）＝\frac{（4-4）!（4-1）!}{4!}＝\frac{1}{4}$$

藍黨的力量指數計算如下：

1. 兩政黨結盟通過法案的成功結盟集合只有2個：｛藍，綠｝，｛藍，橙｝，代入公式 [V（藍，綠）-V（綠）]＝1-0＝1，[V（藍，橙）-V（綠）]＝1-0＝1。

2. 三政黨結盟通過法案的成功結盟集合有4個：｛藍，綠，橙｝，
｛藍，綠，黃｝，｛藍，橙，黃｝，但加入藍黨的有3個，藍黨的邊
際利潤如下：

V（藍，綠，橙）－V（綠，橙）＝1－0＝1

V（藍，綠，黃）－V（綠，黃）＝1－0＝1

V（藍，橙，黃）－V（橙，黃）＝1－0＝1

3. 四政黨結盟通過法案的成功結盟集合只有1個：｛藍，綠，橙，黃｝。
計算藍黨加入4個合作玩家的集合時所增加的邊際利潤：因為｛綠，
橙，黃｝的結盟也可以成功通過法案所以也是成功結盟。

V（藍，綠，橙，黃）－V（綠，橙，黃）＝1－1＝0

藍黨在以上集合的或然率及貢獻的邊際利潤：

$$\varphi_{藍}(V) = (\frac{1}{12} \times 2) + (\frac{1}{12} \times 3) + (\frac{1}{4} \times 0) = \frac{5}{12}$$

綠黨的力量指數計算如下：

1. 兩政黨結盟通過法案的成功結盟集合，加入綠黨的只有1個：｛藍，
綠｝，代入公式 $[V$（藍，綠）－V（藍）$]$＝1－0＝1。

2. 三政黨結盟通過法案的成功結盟集合有4個，但加入藍黨的有2個：
｛藍，綠，橙｝，｛藍，綠，黃｝，｛綠，橙，黃｝，綠黨的邊際
利潤如下：

V（藍，綠，橙）－V（藍，橙）＝1－1＝0

V（藍，綠，黃）－V（藍，黃）＝1－0＝1

V（綠，橙，黃）－V（橙，黃）＝1－0＝1

3. 四政黨結盟通過法案的成功結盟集合只有一個：｛藍，綠，橙，黃｝。計算綠黨加入4個合作玩家的集合時所增加的邊際利潤：因為｛藍，橙，黃｝的結盟也可以成功通過法案所以也是成功結盟。

$V（藍，綠，橙，黃）-V（藍，橙，黃）=1-1=0$

綠黨在以上集合的或然率及貢獻的邊際利潤：

$$\varphi_{綠}(V)=(\frac{1}{12}\times1)+(\frac{1}{12}\times2)+(\frac{1}{4}\times0)=\frac{3}{12}$$

橙黨的力量指數計算如下：

1. 兩政黨結盟通過法案的成功結盟集合，加入橙黨的只有1個：｛藍，橙｝，代入公式 $[V（藍，橙）-V（藍）]=1-0=1$。

2. 三政黨結盟通過法案的成功結盟集合有4個，但加入橙黨的有3個：｛藍，綠，橙｝，｛藍，橙，黃｝，｛綠，橙，黃｝，橙黨的邊際利潤如下：

$V（藍，綠，橙）-V（藍，綠）=1-1=0$

$V（藍，橙，黃）-V（藍，黃）=1-0=1$

$V（綠，橙，黃）-V（綠，黃）=1-0=1$

3. 四政黨結盟通過法案的成功結盟集合只有1個：｛藍，綠，橙，黃｝。計算綠黨加入4個合作玩家的集合時所增加的邊際利潤：因為｛藍，綠，黃｝的結盟也可以成功通過法案所以也是成功結盟。

$V（藍，綠，橙，黃）-V（藍，綠，黃）=1-1=0$

橙黨在以上集合的或然率及貢獻的邊際利潤：

$$\varphi_{橙}(V)=(\frac{1}{12}\times1)+(\frac{1}{12}\times2)+(\frac{1}{4}\times0)=\frac{3}{12}$$

黃黨的力量指數計算如下：

1. 兩政黨結盟通過法案的成功結盟集合，加入黃黨的沒有成功結盟。

2. 三政黨結盟通過法案的成功結盟集合有4個，但加入黃黨的有3個：
   ｛藍，綠，黃｝，｛藍，橙，黃｝，｛綠，橙，黃｝，黃黨的邊際利潤如下：

   V（藍，綠，黃）－V（藍，綠）＝1－1＝0

   V（藍，橙，黃）－V（藍，橙）＝1－0＝0

   V（綠，橙，黃）－V（綠，橙）＝1－0＝1

3. 四政黨結盟通過法案的成功結盟集合只有1個：｛藍，綠，橙，黃｝。計算黃黨加入4個合作玩家的集合時所增加的邊際利潤：因為｛藍，綠，黃｝的結盟也可以成功通過法案所以也是成功結盟。

   V（藍，綠，橙，黃）－V（藍，綠，橙）＝1－1＝0

   黃黨在以上集合的或然率及貢獻的邊際利潤：

   $$\varphi_{黃}(V) = (\frac{1}{12} \times 0) + (\frac{1}{12} \times 1) + (\frac{1}{4} \times 0) = \frac{1}{12}$$

   所以藍，綠，橙，黃等四個黨的力量指數為：（$\frac{5}{12}$，$\frac{3}{12}$，$\frac{3}{12}$，$\frac{1}{12}$），財團一百萬捐贈給四個黨做為通過法案的酬謝金為：（$\frac{5}{12}$ $\times 100$，$\frac{3}{12} \times 100$，$\frac{3}{12} \times 100$，$\frac{1}{12} \times 100$）＝（41.6，25，25，8.4），分給藍41.6萬，綠25萬，橙25萬、黃8.4萬。

7.5 藍徹斯特法則

　　從歷史上發生的戰爭來看，兩軍在戰場殺戮，爭的你死我活的情境，可以當做是一場雙人的非合作賽局，這兩個玩家追求的目標是對立的，他們的最大利潤是將對方打敗，奪取對方的利益或資源（例如：領地、財產等等），所以他們競爭的互動行為是一個零和的賽局，也就是對方的損失會變成自己的獲利，相反地，自己的損失會變成對手的獲利。如果你可以和其它人結盟，共同對付你的敵人，你不但贏的機率大增，損失也可能減少，這種作戰的情境就不只是考量競爭的衝突，還可以考量合作的可能，來讓自己的利潤最大化。

　　這節介紹藍徹斯特法則，當你和別人競爭時，它可以計算你和其它玩家結盟或不結盟的後果是好還是壞？藍徹斯特法則是由英國工程師藍徹斯特在研究第一次世界大戰的空戰時，所發現的法則。如果有A、B兩軍，雙方戰力平方公式如下：

$$X_o^2 - X^2 = E\,(Y_o^2 - Y^2)$$

Xo：A軍戰鬥前的數量，X：A軍戰鬥後的數量

E：武器係數，此數為雙方戰力效率比，$E = \dfrac{\text{B軍戰力}}{\text{A軍戰力}}$

Yo：B軍戰鬥前的數量，Y：B軍戰鬥後的數量，並律訂部隊戰力弱的必定會被部隊戰力強的殲滅殆盡。

案例一　A、B兩軍同時地互相攻擊，雙方人員的武器操作準確性、裝備訓練及體能狀況各方面都勢均力敵，所以E戰力係數為1（A軍戰力和

B軍戰力相等，戰力比為1：1）。戰鬥前A軍數量為5個單位，而B軍數量為3個單位。經過戰鬥之後，依據法則B軍數量小於A軍，B軍會被消滅，戰鬥後數量為零，根據平方公式，A軍戰鬥後會剩餘多少單位？

$X_o=5$，$Y_o=3$，因為$X_o>Y_o$，$Y=0$，$X=?$

代入公式得$5^2-X^2=1$（3^2-0^2），$X=\sqrt{25-9}=4$

解答 經過戰鬥後 A軍會剩餘4個單位的數量。

藍氏法則只是一個簡化作戰的模型，在現實的世界中，雙方通常不會將對手殲滅殆盡，但是可以看到人數多的一方，只損失1個單位的兵力就將敵方3個單位的兵力消滅。這結果似乎有些合理，如果把戰鬥縮小為5個人包圍3個人時，3個人逃不了，雙方剩下的人數比例就會接近為4：0，雖然剩下的4人中可能2人重傷。

二戰末期的硫磺島戰役，美、日雙方剩餘的數量，和藍氏法則計算結果類似。美國以優勢的兵力進攻硫磺島，日軍在孤立無援的情況下，戰到全軍覆沒，只剩下200名的俘虜，根據維基百科記載，雙方的兵力損失如表7.7。

▶ 表 7.7 硫磺島戰役美、日戰前及戰後兵力表

	美國	日本
戰鬥前的兵力數量	約70,000人	約23000人
陣亡數量	6,821	21,844人陣亡
實際戰鬥後的兵力數量	66113	216人俘虜
藍氏法則計算的數量	63179人	0

假設在作戰發生前，雙方戰力相等，E：戰力係數為1，美國兵力投入地面作戰約70000人，日本地面防守兵力約23000人，日軍戰到全軍覆沒，用藍氏法則計算美軍剩下的人數，代入公式得：

$$70000^2 - X^2 = 1 \left(23000^2 - 0^2 \right)，X = \sqrt{4900000000 - 529000000} \fallingdotseq 66113$$

實際戰後美軍剩下的人數為$70000 - 6821 = 63179$，這實際數量和藍氏法則數字66113相差不大。所以可以知道該法則的基本原理是：我方戰力會隨著「數量」及「戰力係數比」增加而增加，相對地，敵人的戰力而隨之被削弱，最後為零。

案例二 A、B兩軍互相戰鬥，如果A軍的戰力減弱為B軍戰力的5分之1，B軍戰力維持是1，A軍戰力1/5，B軍和A軍戰力比為5：1。同樣地，A軍數量為5個單位，戰力為$5 \times 1/5 = 1$。而B軍數量為3個單位，戰力為$3 \times 1 = 3$，A軍轉變為弱者，B軍轉變為強者，經過戰鬥之後，弱者會被強者消滅為零，根據藍氏法則B軍會剩餘多少單位？

$X_0 = 5$，$Y_0 = 3$， 因為$X_0 < Y_0$，$X = 0$，$Y = ?$

代入方程式得$5^2 - 0^2 = 5 \left(3^2 - Y^2 \right)$，$X = \sqrt{\dfrac{45 - 25}{5}} = 2$

解答 經過戰鬥後A軍會被消滅為零，而B軍會剩餘2個單位的數量。

弱勢作戰──各個擊破

歐洲歷史拿破崙一連幾次的打敗由英國、俄國、普魯士和奧地利等國組成的反法聯軍。在奧斯特里茨戰役中拿破崙迅速地分割聯軍，佔據

優勢地理位置，達到各個擊破敵軍的目的，這方法在約米尼的第一本軍事著作《大軍作戰論》，定義為「內線作戰」。所謂的「內線作戰」，基本上是一種「以弱擊強」，「以寡敵眾」的作戰方式，也就是我方總兵力處於劣勢，敵強我弱時，我必須用「內線作戰」，這是「內線作戰」基本形成的道理。如果你被多支敵軍圍攻，那麼你處在中央的位置，就是所謂的「內線作戰」，拿破崙運用此戰法打贏聯軍，我們可以運用藍徹斯特法則來分析：為什麼拿破崙會屢試不爽，節節打敗聯軍？

案例三　假設拿破崙和普魯士與奧地利組成的聯軍作戰（一對二的賽局），三方的戰力比（E）為1：1：1，拿破崙軍有15支軍隊，而聯軍有17支軍隊，這17支聯軍由12支普魯士軍隊與5支奧地利軍隊所組成。如果拿破崙的15支軍隊直接對聯軍的17支軍隊攻擊，根據藍氏法則，拿破崙軍隊會全軍覆沒，而聯軍會剩下 $17^2 - 15^2 = \sqrt{64} = 8$ 支軍隊，聯軍折損一半雖然慘贏，但是拿破崙情況更遭，吃下敗仗，對而後的戰役影響更大。

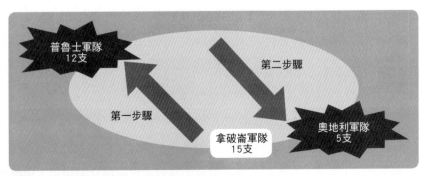

▶ 圖 7.6 奧斯特里茨戰役，拿破崙內線作戰簡易圖

如果拿破崙用內線作戰，就是分散聯軍戰力，然後各個擊破。奧斯特里茨戰役中（如圖7.6），他先把普魯士軍隊引出來，用自己15支軍隊全力攻擊12支普魯士軍隊，根據藍氏法則，普魯士軍隊會被拿破崙軍殲滅，而拿破崙軍隊會剩下$15^2-12^2=\sqrt{81}=9$支軍隊，如果拿破崙軍隊夠快，立即將剩下的9支軍隊轉向攻擊5支奧地利軍隊，拿破崙軍隊還是佔優勢，奧地利軍隊同樣會被拿破崙軍殲滅，而拿破崙軍隊最後剩下$9^2-5^2=\sqrt{56}=7.5$支軍隊。原本拿破崙是處於弱勢，但他運用孫子兵法的「兵貴神速」準則，迅速地分割聯軍戰力，逐一迫敵決戰，最後把原本具有優勢的聯軍全部消滅殆盡。所以經由藍氏法則可以分析出拿破崙以寡擊眾獲勝的原因。

反觀聯軍的戰法是以「分進合擊」的方式包圍殲滅拿破崙軍隊，他們在包圍線之外，所以是「外線作戰」，聯軍只有化守勢為攻勢才能破解拿破崙的各個擊破法，也就是包圍拿破崙的速度要夠快。由於後期聯軍看透拿破崙的各個擊破法是比賽「速度」，看誰的速度夠快，誰就能主宰戰場，於是聯軍特別注重平時紮實訓練，在爾後與拿破崙作戰時整備迅速，最後拿破崙就滑鐵盧了。

案例四 拿破崙遠征俄國，補給線拉太長，俄國採取「堅壁清野」的戰略，讓拿破崙的戰力大減，在滑鐵盧戰役，拿破崙同樣再用各個擊破法，是否有效？

拿破崙同樣有15支軍隊，而聯軍有17支軍隊，這17支聯軍由12支英國軍隊與5支普魯士軍隊所組成。如果這次拿破崙還是用各個擊破

法,但是法軍戰力不如從前,如果拿破崙軍隊的戰力減弱為聯軍(含英軍及普軍)戰力的3分之1,聯軍戰力維持是1,拿破崙軍戰力減弱為1/3,法軍與聯軍戰力比為1:3。拿破崙軍隊數量為15個單位,戰力變為15×1/3=5。而英國軍隊數量為12個單位,戰力為12×1=12,拿破崙軍隊轉變為弱者,普魯士軍隊轉變為強者,經過戰鬥之後,弱者會被強者消滅為零,因此拿破崙的15支軍隊直接對英國軍隊的12支軍隊攻擊,根據藍氏法則,拿破崙軍隊會全軍覆沒,而英國軍隊會剩下$12^2 - 5^2 = \sqrt{64} = 10.9$支軍隊,不管拿破崙用各個擊破的方法或直接對決的方法,都無法打贏這場戰爭,那拿破崙怎麼辦?只好放下武器投降,和聯軍談判,少輸為贏,整軍經武將自己的戰力增強,等待時機反擊。

聯合次要敵人,打擊主要敵人

中國東漢末年魏蜀吳三國鼎立還未形成時,占據北方的曹操勢力最大,而東方的孫權次之,最弱是尋找根據地的劉備。諸葛亮建議劉備聯合次要敵人打擊主要敵人,先聯合孫權共同打擊曹操,於是有了赤壁戰役,戰爭的結果是曹操帶著敗仗部隊,從華容道撤退。這種例子在歷史中屢見不鮮,但很少用量化的研究呈現,同樣用藍氏法則也可以解釋這個現象。

假設赤壁戰役初期曹操、孫權及劉備,兵力各有45、40、35支軍隊,三方的戰力比(E)為1:1:1。如果大家彼此不同盟,互相對抗,強勢對上弱勢,強的一方會把弱的一方消滅,孫權和劉備對於曹操一個是次弱,另一個是最弱,對上曹操最終都會被消滅。但如果孫權和劉備的兵力結合共同對抗曹操,兩人兵力相加為70比曹操的45還多,所以

曹操的勢力會消失，盟軍剩下$70^2-35^2=\sqrt{3600}=60$支軍隊，盟軍只損失15支軍隊就可把曹操的軍隊消滅。如果孫權和劉備平均分擔總損失$15/70=3/14$，孫權會損失（3/14）×（1/2）×40＝30/7＝4.28，剩下40－4.28＝35.72支軍隊。劉備會損失（3/14）×（1/2）×35＝105/28＝3.75，剩下30－3.75＝26.25支軍隊。如果孫權又轉向攻擊劉備，劉備會被擊潰，孫權最後會稱霸中原。但是看到三國的結局不是這樣子，因為赤壁戰役之後吳國與蜀國再也沒有結盟過，最後他們倆一一的被北方魏國的司馬世家所消滅。

　　唐朝初年唐高祖李淵三個兒子激烈相殘的鬥爭，可以看到齊王李元吉利用弱勢戰略的影子，當時秦王李世民勢力最大，齊王李元吉和太子李建成勾結，準備剷除李世民。李建成的目的是想保住太子的地位，而李元吉則想自保。但是秦王李世民的勢力大過二人，最後兩人還是在玄武門被李世民所殺。

▶ 問題與討論

1. 三個紅軍玩家（X、Y、Z）共謀圍剿藍軍，三玩家的付出成本X＝3、Y＝4、Z＝5個單位。玩家結盟的集合為$C=${ X }、{ Y }、{ Z }、{ X，Y }、{ X，Z }、{ Y，Z }、{ X，Y，Z } 7種可能。藍軍被紅軍殲滅，則合作的紅軍可以獲利，如果三玩家各自執行圍剿的任務，會被藍軍各個擊破，單獨的紅軍無法獲利，即y（X）＝y（Y）＝y（Z）＝0。如果X、Y合作，X、Y兩玩家的付出成本減掉總獲利等於總盈餘3單位，即y（X，Y）＝3。X、Z合作，總盈餘4單位，即y

（X，Z）＝4。Y、Z合作，總盈餘5單位，即y（Y，Z）＝5。如果三人合作，總盈餘12單位，即y（X，Y，Z）＝12。因此這合作賽局的最佳解核心是那個集合？

2. 有一個人在破產前欠了四個人（A、B、C、D）的錢，分別為A：100元，B：200元，C：300元，和D：400元，如果破產人剩餘800元，請利用連通管法則（Rule of Linked Vessels）計算四個人如何分配破產人剩餘的800元?

3. 假定有家工廠有一個廠長、一個工程師及二個工人，廠長出資購買設備，工程師擁有設計產品的技術，工人負責配裝及打包產品。如果沒有廠長，工廠不能存在。如果廠長與工程師合作，沒有工人，則二人除了自己的工作還需兼做工人的工作，生意會應付不來，造成利潤減少，每月才賺3萬元，若加入一個工人幫忙，工人可分擔工作，因此業績增加，三人合作每月可賺6萬元。若再加一個工人，則每月可賺9萬元。但若只有廠長與工人而沒有工程師，則工廠也不能生產。如果用夏普利值算法，請問工廠每月9萬元的獲利要如何分配這四人才合理？

4. 假定立法院有3個政黨，每個政黨的席次為：藍42席，綠38席，橙20席，共100席，請利用夏普利值的公式來計算每個政黨通過法案的力量指數（power index）。

5. 如果A軍數量為7個單位，而B軍數量為5個單位，A、B兩軍的戰力比為1：3，經過戰鬥之後，A軍會被消滅為零，根據藍氏法則B軍會剩餘多少單位？

第六部份 賽局理論延伸研究

【第八章】 賽局理論應用於其他領域

【第八章】 賽局理論應用於其他領域

賽局理論的應用非常的廣，有應用在生物演化、線上拍賣市場、資源分配等等。這章介紹賽局均衡解的概念，如何應用在各個領域中？可以讓我們知道賽局理論存在我們的日常生活裡。

8.1 拍賣市場

所謂拍賣(Auction)是一種用來決定市場產品價格的經濟機制，這機制是許多規則的協商過程。McAfee & McMillan（1987）定義：「拍賣是在明確的規則下，基於市場參與者的投標，以決定資源分配與價格的一種市場制度。」Bierman & Fernandez（1998）定義：「拍賣是一個買賣雙方針對特定銷售產品進行價格競爭的資源分配制度。」

拍賣可以是一種「一對多」及「多對多」的交易市場架構，在網路拍賣市場如eBay、Yahoo拍賣等等已廣泛的運用實體拍賣機制來提供參與者競標。一個拍賣市場組成要素如下。

8.1.1 拍賣市場組成要素

8.1.1.1 賣家（Auctioneer）

賣家提供拍賣品在市場上競標，並決定要用那一種類型的投標機制讓買家競標。賣家滿意買家的競標價（金額）後，會以這筆競標價當作「成交價」將拍賣品賣給買家。

8.1.1.2 買家（Bidder）

又稱投標者，買家依照拍賣品的價值給予「投標價（金額）」。拍

賣進行時會有兩個以上的買家，因此買家們為了買到拍賣品，會爭相投以投標價，通常賣家會以最高標價，也就是賣家最大利潤，將拍賣品賣給出最高價的買家。

8.1.1.3 底價（Reservation Value）v_i

又稱私有價（Private Value），同一個拍賣品每一投標者（買家）有不同的評價，一張郵票、一件蔣經國穿過的衣服，每個人都有不同的評價，當投標時，每個人主觀地認為這件拍賣品有自己認定的價格，因此每個人內心都會對這件拍賣品有一個主觀價格。在競標時投標者會以這接受的價格買下拍賣品，所以它是投標價的最大值，這最大值稱為底價，所以買家的底價會大於他的投標價，$v_i > b_i$。在競標時投價者為了讓自己得到拍賣品，不會將自己的底價資訊公開讓其它競標者知道。

8.1.1.4 投標價（Bid）b_i

又稱競標價，當拍賣進行時，各投標者開始對拍賣品投以價格（投標），因為要滿足賣家的最大利潤及投標者獲得拍賣品，買家爭相競價的結果會讓投標價到達得標價，也是「成交價」，於是拍賣品成交，而投標者的投標價總是會小於其底價。

8.1.1.5 出價方式

分為公開喊價（open outcry）或密封投標（sealed bid），也就是投標價資訊公開與不公開之分。

一般拍賣依照買家及賣家的人數可以區分單向及雙向拍賣，買家有多人，而賣家只有一人，買家爭相競標的拍賣方式稱為單向拍賣。買家

255

多人，同時賣家也多人，會有多個拍賣品，買家投標價與賣家接受的價格配對方式稱為雙向拍賣。首先介紹單向拍賣，拍賣種類區分如圖8.1。

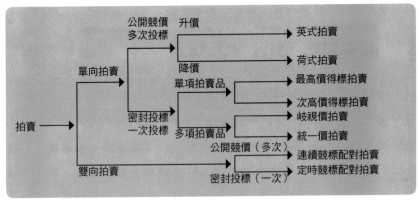

▶ 圖 8.1 拍賣方式分類圖

8.1.2 單向拍賣（Single Auction Mechanisms）

單向拍賣區分「公開喊價」及「密封投標」兩種。公開喊價為買方或投標者在一開放的場合讓彼此都能知道大家的投標價，互相競爭投標，以得到拍賣品為主要目的，投標者的投標次數不限。公開喊價區分「英式拍賣」及「荷式拍賣」兩種。

8.1.2.1 英式拍賣（English auction）

此種拍賣是最普遍的拍賣模式，例如線上網路拍賣eBay、魚市場叫賣及古董品拍賣等等。它又叫做加價拍賣（Ascending auction），在公開的拍賣市場中，賣家會訂定一個相當低的「起標價」，讓買家以一定的速度開始叫價（投標），買家們以高於起標價不斷的往上加價，一直到無人叫價為止，出價最高的買家得到拍賣的物品，並支付其最高的出價金額。

由於拍賣是公開進行，每一位投標者都知道誰贏得拍賣品（得標）。

8.1.2.2 荷式拍賣（Dutch）

此拍賣主要是以荷蘭拍賣花卉而取，它又叫減價拍賣（Descending auction），它和英式拍賣的加價金額剛好相反。鬱金香拍賣時，會訂定一個非常高的價格，有一主持人會喊出愈來愈低的價格，一直到有買家願意接受該價格（投標），這筆交易就成交，接受的買家獲得拍賣品，並支付接受的價格金額。

8.1.2.3 最高價得標密封拍賣（First－price sealed－bid auction）

賣家提供單一拍賣品，每一投標者投標是用隱藏密封不公開的方式（如投標價裝入不公開的信封裡），而且只有一次投標機會，最高標的投標者獲得拍賣品，並支付最高標的金額。如果在密封投標拍賣中出售一瓶10年份的威士忌，同時有3個投標者參與競標。每個投標者只能投標一次，只有賣家看得到他們的標價，其他買家看不到。假定三個投價者投標的金額分別是1200元、1600元及1400元。依照最高價得標方式，第二個投標者贏得威士忌，並且支付1600元給賣家。

8.1.2.4 歧視價密封拍賣（Discriminatory Price Sealed Bid）

當賣家同時拍賣多個物品，而又是密封拍賣，有兩個以上的成交價，這種拍賣方式稱做歧視性拍賣，又稱做「多價拍賣」。現在拍賣兩瓶10年份的威士忌，同時有3個投標者，參與競標投標的金額分別是1200元、1600元及1400元。如果利用歧視價拍賣，則第二位及第三位投標者分別贏得一瓶相同的威士忌，且支付的價格分別為各自投標的金

額：1600元及1400元。由此可知，這類型的拍賣會造成兩個相同拍賣品，讓兩位投標者同時得標，但是兩人支付的價格卻是不同。因此，這類拍賣會將所有投標價依金額大小排列，然後取前幾名，前幾名的數量為「拍賣品總數」，從最高的投標價格開始依序得標，將所有拍賣品賣完。每個得標者（獲勝者）支付的價格就是自己的投標值。每個得標者獲得相同的拍賣品，但是以不同價格得標，第二位投標價比第三位還高（1600＞1400）。第二位投標者，得到同等值一瓶威士忌，需多付200元金額，感覺被歧視，所以這拍賣叫歧視價密封拍賣。

8.1.2.5 次高價得標密封拍賣（Second－price sealed－bid auction）

同樣地，賣家提供單一拍賣品，每一投標者投標是用隱藏密封不公開的方式，而且只有一次投標機會，最高標的投標者獲得拍賣品，但僅需是支付「第二高標」的金額。當這拍賣進行時可以引出誠實的投標者，此拍賣由William Vickrey提出（1996年獲得諾貝爾經濟學獎），這拍賣又叫維克利拍賣（Vickrey Auction）。如果按上述的案例，第二位為得標者僅須支付第三位投標者的金額1400元，因為第三位的投標金額是次高價。

8.1.2.6 統一價拍賣（Uniform Price Sealed Bid）

當賣家同時拍賣多個物品，而又是密封拍賣，這類拍賣一樣將所有投標價依金額大小排序，然後取前幾名，前幾名的數量為拍賣品總數，以指定的得標價讓所有入圍的投標者，以統一的金額成交並獲得拍賣品。如果拍賣品總數為N，指定第N高的投標價為得標價，每一個得標

者（獲勝者）支付的價格就是第N個的投標值。按照上例，如果在密封投標拍賣中出售二瓶10年份的威士忌，同時有3個投標者參與競標。三個投標者投標的金額分別是1200元、1600元及1400元。如果利用統一價拍賣，入圍者有第二位及第三位投標者，總共有兩位入圍，拍賣品有兩個（N＝2），依大小次序則以第三位的投標價1400元為成交價，兩人得到相同的威士忌，且支付的價格統一為1400元。

8.1.3 雙向拍賣（Double Auction Mechanisms）

拍賣市場上有數個買方與賣方，賣方們將拍賣品在市場上供買方們競標，例如證券交易及期貨交易。通常這拍賣市場會將買方的買入價（投標價）與賣方的賣出價配對成交。這種拍賣方式區分兩種類型：定時競標配對拍賣（Call Market）及連續競標配對拍賣（Continuous Double Auction）。

8.1.3.1 定時競標配對拍賣（Call Market）

這種拍賣通常用在股市「開盤價」及「收盤價」，以股票交易為例，在某一規定時間內，投資者可能是買方，也可以是賣方，他們按照自己所能接受的底價進行買賣，並公開他們的「買入價」及「賣出價」。接著電腦交易處理系統以全部出價的價格優先、時間優先的原則排序，將買賣雙方價格配對，於是系統會計算成交量，並按最大成交量定出股票的開盤價，這個開盤價就被稱為定時競標配對的價格。

8.1.3.2 連續競標配對拍賣（Continuous Double Auction）

連續競價是指對買賣雙方的「買入價」及「賣出價」逐筆連續撮

合的競價方式。當定時競標配對結束後，證券交易所開始當天的正式交易，買賣雙方自由地公開喊價，交易系統按照價格優先、時間優先的原則，計算成交量並確定每筆證券交易的現值，由於買賣雙方連續地交易，因此產生即時的股票現值。

8.1.4 單向拍賣最佳解

拍賣市場中投標者不知道競爭對手的底價，每個投標者出價後的報酬可能是高也可能是低，其它的競標者無法知道他是屬於那一類型態，只能猜高與低報酬的可能機率，然後再出價，所以他們之間的競標行為是一種不完全訊息的賽局。如圖8.2：投標者A不知道B的報酬是高還是低，

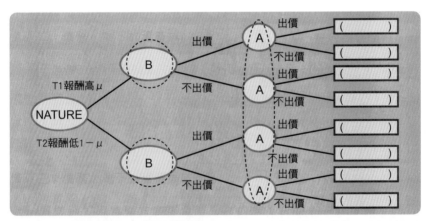

▶ 圖 8.2　拍賣賽局是一不完全訊息賽局

那麼如何計算競標者的最佳出價策略？首先分析最高價密封得標拍賣：

　　規則：每一投標者只下一次標，由出價最高者贏得拍賣品。有兩個投標者i和j，投標者i投標b_i，而投標者j投標b_j，如果投標者i投標值大於投標者j即$b_i > b_j$，投標者i為贏家，獲得拍賣品，贏家獲得拍賣品的機率為$\text{Prob}(b_i > b_j)$。

　　策略：每一玩家（投標者）出價的策略是依照投標者對拍賣品的底價，與他對於其他玩家的底價的先驗機率，兩者相關的函數。

　　報酬：贏家的底價v_i，得標值為b_i，$v_i > b_i$，報酬為底價減他的得標值，即$(v_i - b_i)$，而輸家的報酬為零。

　　競標者bi的最佳出價策略（Optimal Bidding Strategy）的期望報酬為最佳化｛贏得拍賣品的機率｝乘上｛得標獲得的報酬｝。

　　$\text{OBS} = \text{Max}\{\text{Prob}(b_i > b_j) \times (v_i - b_i)\}$

　　最高價密封得標拍賣中，一個玩家的優勢策略是不斷的在對手的投標值加一點價ε，到達玩家的底價時，就停止競標。假設有一個競標者叫阿標，他和其它玩家在競標一件拍賣品，他對於這拍賣品的底價為100元。他會少於100元來得標（最高標），如果他知道其它玩家投下的第二高價為80元，因此他會以80＋ε來投標，這ε愈小愈好。如果阿標不知道第二高價是多少時，他就無法知道要標多少錢，才會得到這拍賣品，這是非常困難的問題，無法用一般的方法解決。主要是他必須在兩方面要權衡（tradeoff）：如果他標的太高，得標機率增加（方程式第一項增加），標到必須付出較高的錢，獲得的報酬減少（方程式第二項

減少）；如果他標的太低，得標機率小（方程式第一項減少），但是標到時付出的錢較少，獲得的報酬增加（方程式第二項增加）。

假設有N個投標者，用i來標示某一競標者$i = 1, 2 \cdots N$。投標者i心中對拍賣品存有一底價v_i，，他們投標金額的量是屬於一致性分配（uniform distrbution），沒有特別喜歡高風險與喜歡低風險的投標者，而所有的投標者趨向中間風險（risk－neutral）。假設每位投標者都投標$A + k_{v_i}$，A為起標價$= 0$，k為一常數，$i = 1, 2 \cdots N$，則第一位投標者的得標條件為$b_i \geq k_{v_i}$，亦即$v \leq \dfrac{b_1}{k}$，$i = 1, 2 \cdots N$，其概率為$\left(\dfrac{b_1}{k}\right)^{N-1}$。第一位投標者的最佳化策略為：

$$\underset{b_1}{\text{MAX}}\left[\left(\frac{b_1}{k}\right)^{N-1} \times (v_1 - b_1)\right]$$

以一階條件求解b_1的最佳化策略

$$\frac{\partial}{\partial b_1}\left(\frac{b_1}{k}\right)^{N-1} \times (v_1 - b_1) = 0$$

$$\rightarrow \frac{(N\text{-}1)\, v_1 b_1^{N-2} - N b_1^{N-1}}{k^{N-1}} = 0 \rightarrow (N\text{-}1)\, v_1 b_1^{N-2} - N b_1^{N-1} = 0$$

$$\rightarrow (N\text{-}1)\, v_1 b_1^{N-2} = N b_1^{N-1} \rightarrow (1\text{-}1)\, v_1 b_1^{N-2} = N b_1^{N-1}$$

$$\rightarrow (N\text{-}1)\, v_1 b_1^{N-2} = N b_1^{N-1} \rightarrow b_1 = \frac{(N\text{-}1)}{N} v_1$$

如果有二人競標一個拍賣品，投標者的底價為10000，依據公式投標者的最佳投標值為$10000 \times (N-1)/N = 10000 \times (2-1)/2 = 5000$。如果有五人競標一個拍賣品，投標者的最佳投標值為$10000 \times (5-1)/5 = 8000$。

所以在最高價密封得標拍賣中，有一拍賣品有N人競標，假定投標者i的底價為10000，當N的數量增加，競標者的最佳投標值會趨近於每一個人的底價，如圖8.3：

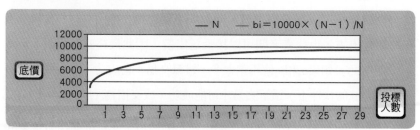

▶ 圖 8.3　N人競標時競標者b_i的最佳投標曲線圖

8.1.5 雙向拍賣最佳解

假如你是個殺價高手，在服飾店看到一件好看的衣服，你想把它買下來，你看到衣服上標示的價格為1000元，你的底價為900元，超過900元你就不買了，你問老闆可不可算便宜點？老闆會反問你，可以出多少錢？你說：800元，老闆心想：我的底價為700元（也就是賣給你700元老闆還有賺頭），不能出價太低，於是老闆說：太低了，我虧錢賣給你900元好了（叫你出價900）。你堅持地說：我只能出800元（叫老闆出價800）。你和老闆互不退讓僵持了10分鐘，於是老闆耐不性子的說：再加一點吧！加個50元，你出850元我就賣給你。你想來想去，你心想：已經殺了150元（1000－850），也夠本了。於是你把850元掏出來給老闆，這筆交易就成交了。

在市場上經常看到討價還價的情境。由於雙方討價還價，最後買

賣雙方的成交價為最終雙方出價的中間數,即(900+800)/2=850。以符號p_b代表買方的出價,以p_s代表賣方的出價。以上述例子,你是買方,老闆最後叫你出價900元=p_b,你並沒有離開店走人,代表這價格,你認為是可以接受的出價。而你叫老闆出價800元=p_s,老闆並沒有把你趕出去,也代表老闆可以接受這出價,因此最終交易價為(p_b+p_s)/2=850。如果p_b和p_s值相差太多,這筆交易不會成功,唯有雙方把出價逼近$p_b \geq p_s$的條件下,這筆交易才可能成功,成交價為(p_b+p_s)/2。

以v_b符號代表買家的底價(即對商品的價值),v_s符號代表賣家的底價。他們的底價是個人的私有訊息,沒有公開,誰也無法知道另一人的底價。他們底價也是屬於均勻分配,所有可能的機率值介於0和1之間,[0,1]。如果買賣雙方的成交價為p,p=(p_b+p_s)/2,因此,買方的報酬為v_b-p,賣方的報酬為p-v_s。以上述為例,買方的底價v_b=900,成交獲得的報酬為900-850=50;賣方的底價v_s=700,成交後賣方獲得的報酬為850-700=150。如果這場交易沒成功,雙方的報酬為零。

以上述買賣雙方出價的雙向拍賣中,買方希望成交價愈低愈好;相反地,賣方希望成交價愈高愈好。怎麼找出雙方的最佳策略,或是最適出價值?根據Gibbons的著作*A Primer in Game Theory*,因為這賽局是一場靜態貝氏賽局,可以找出貝氏納許均衡(PNE),即雙方的最佳解。假定有一個買方出價策略的報酬函數為p_b(v_b),這函數是根據買方的底價v_b,來提供一個出價值p_b。同樣地,有一個賣方出價策略的報酬函

數為$p_s(v_s)$，這函數是按照賣方的底價v_s，提供一個可接受的出價值p_s。假定這組策略$\{p_b(v_b)\,p_s(v_s)\}$為貝氏納許均衡解，它們就必須找出最大化期望報酬函數的解。如上節所定義的，先看買方的期望報酬為｛贏得拍賣品的機率｝乘上｛得標獲得的報酬｝即：

$$[v_b - \frac{p_b+p_s}{2}]\mathrm{Prob}\{p_b \geq p_s\}$$

因為納許均衡互為雙方最適反應，買方最大化它的期望報酬函數如下所示：

$$\underset{b_1}{\mathrm{Max}}\ [v_b - \frac{p_b+E(p_s(v_s)\mid p_b \geq p_s(v_s))}{2}]\mathrm{Prob}\{p_b \geq p_s\}\ ,（8.1）$$

$E(p_s(v_s)\mid p_b \geq p_s(v_s))$為賣方所期望的最佳出價值，它的條件是：必須小於等於買家的出價值p_b。以上為例，我出價800元，而老闆的底價為700元，這筆交易才能進行。

相同地，賣方的期望報酬為｛贏得拍賣品的機率｝乘上｛得標獲得的報酬｝即：

$$[\frac{p_b+p_s}{2} - v_b]\mathrm{Prob}\{p_b \geq p_s\}$$

因為納許均衡互為雙方最適反應，賣方最大化它的期望報酬函數如下所示：

$$\underset{p_s}{\mathrm{MAX}}\ [\frac{E(p_b(v_b)\mid p_b(p_b) \geq p_s)+p_b}{2} - v_s]\mathrm{Prob}\{p_b(v_b) \geq p_s\}\ ,（8.2）$$

$E(p_b(v_b)\mid p_b(v_b) \geq p_s)$為買方所期望的最佳出價值，它的條件是：必須大於等於賣家的出價值p_s，以上為例，我的底價為900元，老

闆出價800元，這筆交易才能進行。由方程式8.1及8.2得知，雙向拍賣有許多的貝氏納許均衡。

用圖形來找出買賣雙向拍賣的單一價（one price equilibria）均衡解，假設買方底價$v_b \geq x$與賣方底價v_s是介於0和1中間均勻分配的值。給定買方的最佳策略x，有單一價的貝氏納許均衡滿足以下三個條件：

1. 買方的出價策略：$v_b \geq x$就出價x，否則出價零，x也是介於0和1中間的值。

2. 賣方的出價策略為：如果$v_s \leq x$就出價x，否則出價0。

3. 買方的底價大於等於賣方的底價$v_b \geq v_s$。參考上例，我的底價為900元，老闆的底價700元。

給定買方的最佳策略x，賣方決定是否要以這個價賣給買方？而賣方的最佳策略是也會依據買方最佳策略的選擇，做出最適反應，因此雙方考量後會達到一組貝氏納許均衡，在圖8.4中，考量以上三個條件後，發現買賣雙方的成交區域在灰色區域裡，而白色區域是不會發生交易的部份。

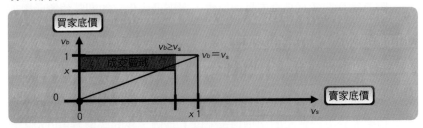

▶ 圖 8.4 雙向拍賣的單一價格最佳成交區域圖

　　以上述討價還價例子來計算驗證。如果買方底價v_b與賣方底價v_s及買方的最佳出價值x均介於0和1000中間的值，$v_b=900$，$v_s=700$，$x=800$，滿足雙方最適策略的三個條件，$v_b \geq x$，$v_s \leq x$，$v_b \geq v_s$，因此買賣雙方會達成交易，老闆要求你再加一點，你被說動，就再加上50，出價850，這個值落在成交區域。如果你反過來，叫老闆降點價，譬如再減50，讓你出價750，這個值還是落在成交區域。所以下次老闆叫你加價，你要反過來叫他降價。如果買方非常堅硬說不行時，這個出價值代表已超過買方的底價，就無法滿足$v_b \geq x$的條件。如果賣方堅時說這出價值太低時，代表無法滿足$v_s \leq x$的條件。如果買方的底價小於賣方的底價時，這筆交易更不會成功。所以雙方討價還價時，v_b、v_s及x，這三個值是浮動值。

　　用線性規劃的方法導出雙向拍賣的貝氏納許均衡。假設賣方的線性策略為$p_s(v_s)=a_s+c_s v_s$，賣方的出價值p_s是介於 $[a_s, a_s+c_s]$ 之間的均勻分配值。8.1方程式可改寫為：

$$\underset{p_b}{\text{Max}} \ [v_b-\frac{1}{2}(p_b+\frac{a_s+p_b}{2})]\,\text{Prob}\{\,p_b \geq p_s(v_b)\,\}$$

買方得標條件$p_b \geq p_s(v_s)$，亦即$p_b \geq a_s+c_s v_s$，$v_s \leq \dfrac{p_b-a_s}{c_s}$，其概率為$\dfrac{p_b-a_s}{c_s}$

$$\underset{p_b}{\text{MAX}} \ [v_b-\frac{1}{2}(p_b+\frac{a_s+p_b}{2})]\,\frac{p_b-a_s}{c_s}$$

以一階條件求解p_b的最佳化策略：

$$\frac{\partial}{\partial p_b}[v_b-\frac{1}{2}(p_b+\frac{a_s+p_b}{2})]\,\frac{p_b-a_s}{c_s}=0$$

$$\rightarrow p_b = \frac{1}{3}a_s + \frac{2}{3}v_b, \ (8.3)$$

假設買方的線性策略為$p_b(v_b) = a_b + c_b v_b$，買方的出價值p_b是介於$[a_b, a_b + c_b]$之間的均勻分配值。8.2方程式可改寫為：

$$\underset{p_s}{\text{MAX}} \ [\frac{1}{2} \ (p_s + \frac{p_s + a_b + c_b}{2}) - v_s]\text{Prob}\{ p_b(v_b) \geq p_s \}$$

買方得標條件$p_b(v_b) \geq p_s$，亦即$a_b + c_b v_b \geq p_s$，$v_b \geq \dfrac{p_s - a_b}{c_b}$其概率 $\text{Prob}\{ p_b(v_b) \geq p_s \}$為$\dfrac{a_b + c_b - p_s}{cb}$，

$$\underset{p_s}{\text{MAX}} \ [\frac{1}{2} \ (p_s + \frac{p_s + a_b + c_b}{2}) - v_s]\frac{a_b + c_b s - p_s}{c_b}$$

以一階條件求解p_s的最佳化策略：

$$\frac{\partial}{\partial p_s}[\frac{1}{2} \ (p_s + \frac{p_s + a_b + c_b}{2}) - v_s]\frac{a_b + c_b - p_s}{c_b} = 0$$

$$\rightarrow p_s = \frac{1}{3} \ (a_b + c_b) + \frac{2}{3}v_s, \ (8.4)$$

因此，如果買家採用的是線性策略，那麼賣家的最適反應也是線性的。買賣雙方的線性策略都是最適反應，由方程式8.3可以推論出：

$$p_b(v_b) = a_b + c_b v_b = \frac{1}{3}a_s + \frac{2}{3}v_b, \ a_b = \frac{1}{3}a_s. \ c_b = \frac{2}{3}$$

由方程式8.4推論出：

$$p_s(vs) = a_s + c_s v_s = \frac{1}{3} \ (a_b + c_b) + \frac{2}{3}v_s, \ a_s = \frac{1}{3} \ (a_b + c_b), \ cs = \frac{2}{3}$$

由以上結果，可以算出$a_s = \frac{1}{4}$，$a_b = \frac{1}{12}$代回8.3及8.4式得到：

$$p_b(v_b) = a_b + c_b v_b = \frac{1}{12} + \frac{2}{3}v_b, \ (8.5)$$

$$p_s\left(v_s\right)=a_s+c_sv_s=\frac{1}{4}+\frac{2}{3}\,v_s,\ (8.6)$$

8.5與8.6方程式畫在二維空間圖,如圖8.5。

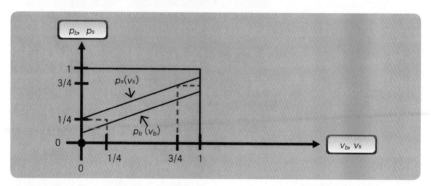

▶ 圖 8.5　8.5與8.6方程式畫在二維空間圖

知道雙向拍賣成交的必要條件為$p_b{\geq}p_s$,將8.5及8.6式代上,得到

$\frac{1}{12}+\frac{2}{3}v_b{\geq}\frac{1}{4}+\frac{2}{3}v_s{\to}v_b{\geq}v_s+\frac{1}{4}$,成交區域在圖8.6的灰色區。

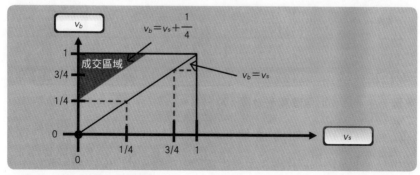

▶ 圖 8.6　雙向拍賣成交區域圖

8.2 古巴飛彈危機賽局

危機邊緣政策的運用（Brinkmanship）

原子彈結束了二戰，美國與蘇聯兩國開始進入一個製造核子武器的競賽，就是所謂的冷戰時期。在1962年10月衝突達到一個最高點，核戰一觸擊發，這個事件為「古巴飛彈危機」。

美國情治單位發現，蘇聯陸續的運輸中程彈導飛彈的裝備零件至中美洲的古巴，情報顯示彈導飛彈可以裝載核子彈頭，其射程涵蓋北美洲，嚴重威脅到美國華府的安全。面對蘇聯的挑釁，美國當時的總統甘迺迪面臨了是否要出兵古巴的困境？經過美國智囊團與甘迺迪總統的研析後，決定用比較溫和的方式——「海上檢查古巴商船」來反擊蘇聯的威脅，使蘇聯退步，因而化解了核戰的危機。

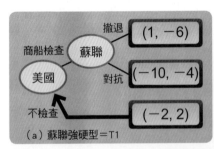
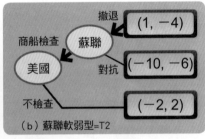

▶ 圖 8.7　美國面對蘇聯是強硬及軟弱類型的報酬樹狀圖

美國會想：採用「商船檢查」的方式是否恰當？會不會引起蘇聯的軍事反擊？如果美國海軍在檢查商船時，蘇聯潛水艇攻擊美軍，雙方擦槍走火爆發核武戰爭，美、蘇兩國會形成一個雙輸的結果。同樣地，蘇聯也會這樣想。美國採用「檢查商船」，企圖逼退蘇聯的方法，是否

有效？這要看當時蘇聯決策團隊中，強硬（鷹）派及溫和（鴿）派數量多寡而定？如果蘇聯的鴿派較鷹派多，檢查商船成功逼退蘇聯的機率就高。如果蘇聯的鷹派較鴿派多，檢查商船失敗並爆發核戰機率會較高。

蘇聯有強硬（鷹）派及溫和（鴿）派兩類型。假定蘇聯的鷹派較多，可以將雙方先後決策的對應方式及報酬，用樹狀圖描繪，如圖8.7（a）。用倒推法可以求出子賽局完美均衡為：美國不實施商船檢查，而蘇聯不改變策略（粗線）。

如果蘇聯的溫和派較多，可以將雙方先後決策的對應方式用樹狀圖描繪，如圖8.7（b）。同樣用倒推法可以求出子賽局完美均衡為：美國實施商船檢查，而蘇聯將彈導撤回，均衡組合為｛商船檢查，撤退｝。

美國總統甘迺迪面對這兩個可能的結果，不斷的和幕僚研析，到底蘇聯決策團隊中，鷹派的人數比較多？還是溫和派的人數比較多？鷹派的機率要小於百分之幾？「海上檢查古巴商船」的策略才會奏效？才會讓蘇聯將彈導撤回。

只有上帝知道（Nature）蘇聯決策團隊中鷹派的機率和溫和派的機率為多少？ 假設鷹派的機率為p，溫和派的機率為$1-p$，而假定美國「檢查商船」的機率為p，採取「容忍不檢查」的機率為$1-q$。將之前鷹派與溫和派的樹狀圖（圖8.7a,b）結合在一起，如圖8.8：

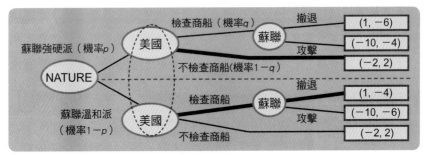

▶ 圖 8.8　哈撒意轉換後的古巴飛彈危機賽局

　　蘇聯有兩種類型：強硬派的類型與溫和派的類型。先計算美國面對蘇聯強硬派的類型機率p時，實施檢查商船的可能性有多大？

　　美國面對蘇聯鷹派實施檢查商船，美國最差的情況是蘇聯鷹派對抗美國，美國會得到-10，如圖8.8。

　　美國面對蘇聯溫和派實施檢查商船，美國最好的情況是溫和派撤退，美國會得到報酬為$+1$。

　　美國發出威脅實施檢查商船，面對蘇聯鷹派的機率是p，蘇聯對抗美國，美國獲得-10，面對蘇聯鴿派的機率是$1-p$，蘇聯撤退，美國獲得1。美國獲得總期望報酬為$-10p+（1-p）=1-11p$。若美國不管對上蘇聯溫和派或強硬派都不發出威脅，美國都會得到報酬-2。如果美國發出威脅較有利，代表美國發出威脅期望值大於不發出威脅的期望值，為$1-11p>-2$, 即 $p<3/11=0.27$。所以可知：蘇聯鷹派的機率p只要小於0.27時，也就是蘇聯4人決策小組，有3人鴿派，有1人鷹派，美國無論如何都應該發出威脅——實施「檢查商船」的策略；相對地，

如果大於0.27時，即蘇聯鷹派有2人以上，實施「檢查商船」的策略就有可能會引起蘇聯的對抗。蘇聯鷹派的機率p為0.27，是美國實施檢查商船的上界線（upper limit），p小於這界線，檢查商船沒有問題，過了這點或大於這點時，就有可能擦槍走火。

如果美國實施商船檢查，而蘇聯潛艇反擊美國驅逐艦，沒有人知道後果會變如何？但只知道美國採用「檢查商船」的機率為q，採取容忍（不檢查）的機率為$1-q$。所以可以計算蘇聯反擊美國後，美國與蘇聯的報酬。

如果蘇聯面對美國採「商船檢查」的策略，蘇聯都採用「對抗」的策略時，美國及蘇聯的報酬變化如下：

圖8.8中，蘇聯的類型為鷹派，美國檢查商船，蘇聯採對抗：美國檢查商船的機率為q，美國獲得報酬為-10，不檢查商船的機率為$1-q$，獲得的報酬為-2。所以美國面對鷹派蘇聯對抗的期望值會從-10變為$-10q-2（1-q）=-2-8q$。美國檢查商船的q機率中，鷹派蘇聯對抗會得到-4，美國不檢查商船的機率為$1-q$，鷹派蘇聯對抗美國獲得的報酬為2，所以鷹派蘇聯對抗美國檢查商船的期望值會變為$-4q+2（1-q）=2-6q$。所以蘇聯的報酬會從-4變為$2-6q$。

圖8.8中，蘇聯的類型為鴿派，美國檢查商船，蘇聯採對抗：美國檢查商船的機率為q，美國獲得報酬為-10，不檢查商船的機率為$1-q$，獲得的報酬為-2。所以美國面對鴿派蘇聯對抗的期望值會從-10變為$-10q-2（1-q）=-2-8q$。美國檢查商船的q機率中，鴿派蘇聯

對抗美國會得到−6，美國不檢查商船的機率為1−q，鴿派蘇聯對抗美國獲得的報酬為2，所以期望值會變為−6q+2（1−q）＝2−8q。所以鴿派蘇聯的對抗美國檢查商船的報酬會從−8變為2−8q。

有了以上的新的期望值後，可以重新建構賽局樹狀圖8.9，如下：

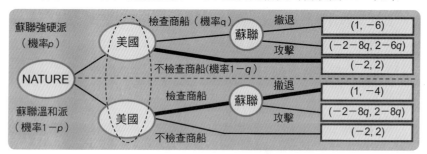

▶ 圖 8.9　考量美國採用「檢查商船」機率q的古巴飛彈危機賽局

現在計算美國面對兩種類型時，採「檢查商船」的機率q值要多大，才會讓蘇聯撤退？

美國面對蘇聯是強硬派，美國實施商船檢查，發現蘇聯撤退時，蘇聯獲利為−6，比蘇聯對抗獲利為2−6q還小，因為0≤p, q≤1，即2−6q＞−6，因此美國採危機邊緣政策時（檢查商船），面對蘇聯強硬派，蘇聯一定會採「對抗」策略。

美國面對蘇聯是溫和派，如果美國發現蘇聯撤退比對抗獲利還多時，也就是−4＞2−8q，q＞0.75，因此美國的危機邊緣政策（檢查商船）的機率，也就是檢查商船可能性至少要大於75％，對溫和派才有嚇阻力，蘇聯才會退卻──採「撤退」。這個q值為0.75，稱它為美國最低有效限度（effectiveness condition）。

　　來看p和q的相關性，先看第一種情況：蘇聯的類型為強硬派，美國檢查商船，蘇聯對抗。

　　如果蘇聯是鷹派，機率是p，美國發出威脅——採「檢查商船」的策略時，蘇聯採「對抗」策略，美國得到的報酬為$-2-8q$。

　　第二種情況：蘇聯的類型為溫和派，美國檢查商船，蘇聯撤退。

　　如果蘇聯是溫和派，機率是$1-p$，美國發出威脅（檢查商船），蘇聯撤退，美國得到的報酬為1。

　　美國不管是面對強硬派或溫和派都發出威脅——採「檢查商船」策略，也就是面對第一種情況及第二種情況時，兩者相加的美國的總期望值為：$（-2-8q）×p+1×（1-p）=-8pq-3p+1$。這值會大於美國不發出威脅獲得的報酬$-2$，可以得到式子：$-8pq-3p+1>-2$，$q<0.375（1-p）/p$，用這不等式畫出如下圖8.10：

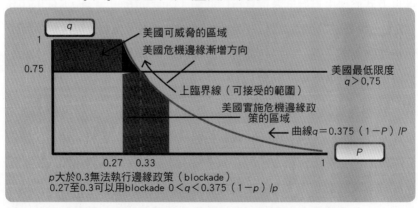

▶ 圖 8.10　美國採用危機邊緣政策機率q與蘇聯強硬派機率p兩者的關係圖

275

圖8.10中，若美國的q值為0.75，即美國在最低有效限度（effectiveness condition）時，代入$q = 0.375 (1-p)/p$，可以求出p值為0.33，這值為蘇聯的強硬派的臨界值。

若p值＞0.33，美國就沒必要實施「檢查商船」的策略，也就是無法用危機邊緣政策，因為美國的q值小於0.75，不管面對強硬派或溫和派的蘇聯，都無法讓蘇聯撤退。相反地，若p值＜0.33就有實施危機邊緣政策的空間。

因此，p值＜0.33且q值＞0.75，在圖中黑色部份這是美國危機邊緣政策可以實施的範圍。在圖8.10中，可以假想美國總統甘迺迪知道p值大概落在0.4到0.27之間；而也不知道q值要大到什麼程度，才能讓蘇聯撤退。他只知道p值和q值兩者互相影響，要小心翼翼地找到美國和蘇聯都可接受的p值和q值。所以他藉由發表演說來緩和緊急氣氛，以及運用漸近方式於海上實施武裝檢查古巴商船（Quarantine），即q值從0.75往1增加，接著p值從0.33往0.27減少，就如沿著曲線慢慢上升，達到雙方可接受的範圍（圖上方黑色部份），最後逼得蘇聯不得不撤退。因此，解決了古巴飛彈危機。

危機邊緣政策是很危險的策略運用，如果運用不當很可能讓雙方都掉落到山谷底，兩敗俱傷，走到無法挽回的地步。現實社會中，常看到失敗的例子，勞資雙方人馬談判不成，大打出手，或是埃及人民流血示威抗爭軍政府掌權，許多人民犧牲生命，也扳倒不了軍政府。但是在敘利亞的茉莉花革命，利用極端的危機邊緣手段，不但讓敘利亞強人退

步，還讓舊政府垮臺。所以在運用這策略時，必須要預留退路，如果真的失敗了，是否可以回復到原來的地步？是否有備案措施？

8.3 航警局巡查賽局

911事件後，美國洛杉磯航警局為因應未來恐怖攻擊的威脅，希望能建構一個符合巡查人員的「檢查點配置系統」，這系統不只能改善現行系統的不足，還能提昇破案率，預防犯罪事件的發生。由於巡查人力的不足，很難全面性的監控所有重要進出點（checkpoints），加上犯罪者能透視機場的安全管理系統。原本機場巡查點系統以不定點巡查的方法來實施臨檢，但成效不彰。因此，洛杉磯航警局的電腦系統工程師利用賽局理論的貝氏史塔博格賽局（Bayesian Stackelberg game），來建置隨機監控或巡點派遣軟體（ARMOR：Assistant for Randomized Monitoring over Routes），藉由隨機巡查方式，即時地破獲非法行為，提昇巡查人員的破案率。

假設這賽局有兩個玩家：巡警（police agent）及犯罪者（adversaries），警員巡邏簡化只能選擇兩檢查點（check points）：A和B點。犯罪者同樣也有兩個選擇：選擇A和B點進入美國洛杉磯航站，根據巡警選擇檢查點及恐怖份子的選擇進入點，雙方互動而形成的報酬如8.1表。

▶ 表 8.1　巡警面臨類型1恐怖份子的互動賽局

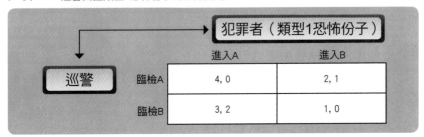

首先說明什麼是貝氏史塔博格賽局？在一個資訊不完全的賽局中，有一個先行者及一個後行者，先行者會先選定一個策略，後行者根據先行者所選的策略，選定自己利潤最大化的策略，這種賽局為後行者優勢賽局。

假設犯罪者有兩種類型（Types），第一種類型是恐怖份子（犯罪者類型1），另一種類型是運毒者（犯罪者類型2）。巡警只有一種類型——希望能抓到犯罪者。同樣地，巡警與運毒者的雙方互動報酬設定如8.2矩陣表。

▶ 表 8.2　犯罪者有兩種類型的報酬矩陣表（R, R'）。

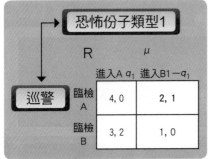
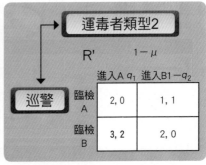

　　首先假定犯罪者的類型1（恐怖份子）機率為 μ，類型2（運毒者）機率為 $1-\mu$。只有上帝知道 μ 有多大，用Nature來表示，這是個不完全訊息的賽局，用哈撒意轉換，將以上兩個表格合併成一個有先後順序的樹狀賽局圖8.11，從不完全訊息賽局轉為不完美訊息賽局。

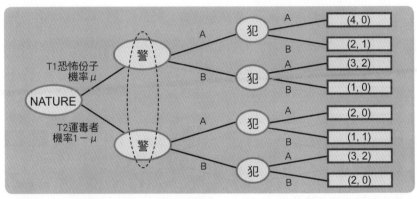

▶ 圖 8.11　犯罪者有兩種類型的樹狀賽局圖

▶ 表 8.3　(b)利用表8.2及恐怖份子的機率 μ 分別計算表(a)期望報酬的計算式及表(b)期望報，酬的數值結果。

		犯罪者 RA－R'A	犯罪者 RA－R'B	犯罪者 RB－R'A	犯罪者 RB－R'B
巡警	臨檢A	$4\times\mu+2\times(1-\mu),0$	$4\times\mu+1\times(1-\mu),(1-\mu)$	$2\times\mu+2\times(1-\mu),\mu$	$2\times\mu+1\times(1-\mu),1\times\mu+1\times(1-\mu)$
	臨檢B	$3,2$	$3\times\mu+2\times(1-\mu),2\times\mu+0\times(1-\mu)$	$1\times\mu+3\times(1-\mu),2\times(1-\mu)$	$1\times\mu+2\times(1-\mu),0\times\mu+0\times(1-\mu)$

▲ 表8.3(a)

		犯罪者 RA－R'A	犯罪者 RA－R'B	犯罪者 RB－R'A	犯罪者 RB－R'B
巡警	臨檢A	$2+2\mu,0$	$1+3\mu,1-\mu$	$2,\mu$	$1+\mu,1$
	臨檢B	$3,2$	$\mu+2,2\mu$	$3-2\mu,2-2\mu$	$-\mu+2,0$

▲ 表8.3(b)

第二，經由哈撒意轉換後找出不完美訊息賽局的納許均衡，這均衡就是在不完全訊息賽局中的貝氏納許均衡。

1. 犯罪者是Type1（恐怖份子）機率為μ，Type2（運毒者）機率為$1-\mu$。

2. 在表8.2R犯罪者是Type1的報酬矩陣表，可以求出純粹策略納許均衡有一個：（A，B）；在表8.2R'犯罪者是Type2的報酬矩陣表，同樣可以求出純粹策略納許均衡也有一個：（B，A）。

3. 巡警選擇A的混合策略的機率為p，選擇B的混合策略的機率為$1-p$。

4. 犯罪者是Type1，進入A的混合策略機率為q_1，進入B的混合策略機率為$1-q_1$；犯罪者是Type2，進入A的混合策略機率為q_2，進入B的混合策略機率為$1-q_2$。

8.3.1 純粹貝氏納許均衡

犯罪者最佳策略是：如果犯罪者是Type1恐怖份子，他會選擇進入B的策略（$q_1=0$）；如果犯罪者是Type2運毒者，他會選擇進入A的策略（$q_2=1$）。

巡警不知道犯罪者是那一個類型，只知道Type1恐怖份子機率為μ，Type2運毒者機率為$1-\mu$。

如果巡警採取「臨檢A」的策略時（即$p=1$），他面對Type1恐怖份子的最佳反應（即選擇進入B）的期望報酬為獲得的報酬2乘上恐怖份子的機率μ，即$2\times\mu$。他面對Type2運毒者的最佳反應（即選擇進入A）的期望報酬為獲得的報酬2乘上運毒者的機率$1-\mu$，即$2\times（1-\mu）$。

因此，巡警採取「臨檢A」策略的總期望報酬為$2\mu+2(1-\mu)$。

如果巡警採取「臨檢B」的策略時（即$p=0$），他面對Type1恐怖份子的最佳反應（即選擇進入B）的期望報酬為獲得的報酬1乘上恐怖份子的機率μ，即$1\times\mu$。他面對Type2運毒者的最佳反應（即選擇進入A）的期望報酬為獲得的報酬3乘上運毒者的機率$1-\mu$，即$3\times(1-\mu)$；巡警採取「臨檢B」策略的總期望報酬為$\mu+3(1-\mu)$。

如果巡警採取「臨檢A」的報酬大於「臨檢B」，即$2\mu+2(1-\mu)>\mu+3(1-\mu)$，$\mu>\dfrac{1}{2}$。犯罪者可能是恐怖份子的機率大於50%，巡警會採取「臨檢A」策略，即$p=1$。

如果巡警採取「臨檢A」的報酬等於「臨檢B」，即$2\mu+2(1-\mu)=\mu+3(1-\mu)$，$\mu=\dfrac{1}{2}$。犯罪者可能是恐怖份子及運毒者的機率各有一半（50%）時，巡警採取混合策略，即$p=0$到$p=1$。

如果如果巡警採取「臨檢A」的報酬小於「臨檢B」，即$2\mu+2(1-\mu)<\mu+3(1-\mu)$，$\mu<\dfrac{1}{2}$。犯罪者可能是運毒者的機率大於50%，巡警會採取「臨檢B」策略，即$p=0$。

因此，BNE均衡策略組合：

犯罪者類型	巡警	犯罪者
若偏向恐怖份子（$\mu>\dfrac{1}{2}$）	臨檢A（$p=1$）	進入B（$q_1=0$）
若恐怖份子及運毒者的機率各有一半（$\mu=\dfrac{1}{2}$）	混合策略（$p=\dfrac{2}{3}$）	$1\times\mu+1\times(1-\mu)$，$3\times\mu+0\times(1-\mu)$
若偏向運毒者（$\mu<\dfrac{1}{2}$）	混合策略不存在臨檢B（$p=1$）	進入A（$q_2=1$）

▶ 表 8.4　BNE均衡策略組合

281

綜合以上巡警和犯罪者的共同優勢策略，可知純粹貝氏納許均衡有兩個：

1. 當 $\mu < 1/2$，有一個純粹策略貝氏均衡：巡警臨檢B，而犯罪者類型偏向運毒者其策略為進入A，貝氏均衡組合：｛B，A｝。

2. 當 $\mu > 1/2$，也有一個純粹策略貝氏均衡：巡警臨檢A，而犯罪者偏向恐怖份子其策略為進入B，貝氏均衡組合：｛A，B｝。

8.3.2 混合策略貝氏納許均衡（Mixed strategy BayesNash Equilibria）

如果巡警不管是面對Type1恐怖份子或Type2運毒者，他採取「臨檢A」策略的總期望報酬 $[2\mu + 2(1-\mu)]$ 等於採取「臨檢B」策略的總期望報酬 $[\mu + 3(1-\mu)]$ 時。會得到 $\mu = \dfrac{1}{2}$，把這值代入表8.3（b），得到表8.5，發現巡警採取「臨檢A」的報酬等於採取「臨檢B」策略，他們倆之間沒有不同（indifferent）。即犯罪者是恐怖份子及運毒者的機率各有一半（50％）時，巡警會採取混合策略，即 $p = 0$ 到 $p = 1$。在表8.6（a）及8.6（b）中恐怖份子或運毒者採進入A的策略的期望報酬和進入B的期望報酬相等，即 $0p + 2(1-p) = (1)p + 0(1-p)$，$p = \dfrac{2}{3}$。

▶ 表 8.5

		犯罪者	犯罪者	犯罪者	犯罪者
		RA－R'A	RA－R'B	RB－R'A	RB－R'B
巡警	臨檢A	3, 0	$\dfrac{5}{2}, \dfrac{1}{2}$	$2, \dfrac{1}{2}$	$\dfrac{3}{2}, 1$
	臨檢B	3, 2	$\dfrac{5}{2}, 1$	2, 1	$\dfrac{3}{2}, 0$

▶ 表 8.6　（a）巡警面臨恐怖份子賽局的混合策略報酬矩陣表

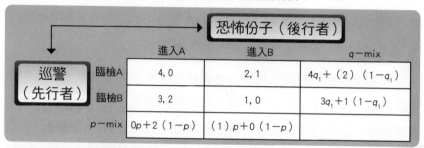

		恐怖份子（後行者）		
		進入A	進入B	$q-$mix
巡警 （先行者）	臨檢A	4, 0	2, 1	$4q_1+(2)(1-q_1)$
	臨檢B	3, 2	1, 0	$3q_1+1(1-q_1)$
	$p-$mix	$0p+2(1-p)$	$(1)p+0(1-p)$	

▶ 表 8.6　（b）巡警面臨運毒者賽局的混合策略報酬矩陣表

		運毒者（後行者）		
		進入A	進入B	$q-$mix
巡警 （先行者）	臨檢A	2, 0	1, 1	$2q_2+(1)(1-q_2)$
	臨檢B	3, 2	2, 0	$3q_2+2(1-q_2)$
	$p-$mix	$0p+2(1-p)$	$(1)p+0(1-p)$	

　　回到以上的賽局，先看犯罪者，在表8.1中，如果是靜態訊息完全賽局，只有一個純粹Nash均衡為（2，1），也就是｛臨檢A，進入B｝，巡警臨檢「A點」，而犯罪者由「B點」進入。接著運用史坦伯格Stackelberg模型來分析這賽局，假定巡警是先行者，犯罪者是後行者，巡警先給定臨檢「A點」的混合策略機率p和臨檢「B點」的混合策略機率$1-p$，犯罪者看到這兩個巡邏點的機率後，就會選擇自己利潤最佳化的策略。給定巡警臨檢「A點」機率$p=0.5$及臨檢「B點」機率$1-p=0.5$，犯罪者看到這機率後比較選擇A和B的報酬，選擇由A進入的報酬為$0.5×0+0.5×2=1$，選擇由B進入的報酬為$0.5×1+0.5×0=0.5$，

因此考量報酬最大化後，犯罪者會選擇由A點進入的策略。因此給定犯罪者選擇由A點進入的策略，巡警用混合策略得到的期望報酬為0.5×4＋0.5×3＝3.5。這值比純粹Nash均衡的2還要高。

美國洛杉磯航警局利用賽局理論建置隨機巡點派遣軟體，這軟體先請使用人員及專家（巡警）輸入檢查點的需要次數，並結合以往的查獲資訊，以及巡警與犯罪者的互動報酬，將這些資訊建構貝氏史坦伯格賽局報酬矩陣表，解出混合策略貝氏賽局的最適解（均衡），以得到各檢查點的混合策略機率值（p值），並提供每日巡查點的行程表（Suggested schedule）。這巡查點配置系統，得到洛杉磯航警局的巡警們的許多正面回應，因為這軟體可以減輕巡警們的工作負荷，提昇破獲率，以及有效地維護機場內旅客的安全。

8.4 生物演化賽局

賽局理論中假設玩家都是理性，理性是所有玩家與人競爭時將自己的利益最大化的表現。許多學者認為理性的假設太過牽強，因為有些行為不全然是理性的。但是用生物演化的行為來分析，發現參賽者能夠觀察並學習，根據以往的經驗，多用好的策略，少用壞的策略，達到演化的穩定，這種參賽者演化的行為可以替代「理性」的假設。本節以鷹鴿賽局（Hawk－Dove Game）來介紹生物演化穩定策略（evolutionary－stable strategy，ESS）與納許均衡策略有異曲同工之妙。

8.4.1 山豬爭食賽局

有兩隻愛吃食物的山豬，它們同時看到一堆腐肉，於是心中浮現

兩個策略——「鷹」和「鴿」，也就是「硬」和「軟」。鷹的策略較強硬具有攻擊性，想要打敗對手獨佔食物；鴿的策略較溫和，願意和競爭者分享食物而避免打架。設定這個有價值的食物為 π，如果兩隻山豬都採用硬的策略時，它們會打架，雙方受傷而付出代價為 c，每隻山豬都只能得到一半的食物 $\dfrac{\pi}{2}$，打架而付出的代價也各為一半 $\dfrac{c}{2}$，兩隻山豬得到的期望報酬各為 $\dfrac{\pi-c}{2}$。當兩隻山豬都採用軟（溫和）的策略時，雙方不會打架，共同分享一半的食物，各得到報酬為 $\dfrac{\pi}{2}$。如果一隻豬採硬的策略，另一隻容忍採軟的策略，來硬的豬會得到 π，容忍的豬會得0，什麼都沒得到。雙方互動報酬如表8.7。這場賽局有可能會變成「囚犯困境」（Prisoner's dilemma）的賽局，或者是懦夫賽局（Chicken game），以下依序分析不同的情況。

▶ 表 8.7　山豬爭食賽局矩陣表

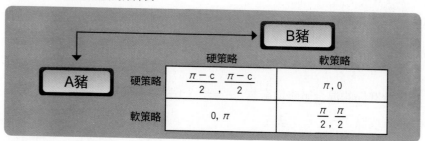

8.4.1.1 理性均衡策略（Nash Equilibrium）

從理性賽局的角度來看這賽局。如果食物的價值 π 大於打架付出的代價 c，即 $\pi > c$。這賽局是「囚犯困境」的賽局，雙方選擇 {軟，軟} 是最好的結果，但「硬」是優勢策略（dominant strategy），最終它們

都會轉而改選｛硬，硬｝，這結果是雙方的納許均衡解。

　　如果食物的價值小於打架付出的代價（$\pi < c$）。這賽局是懦夫賽局，它存在兩個純粹策略均衡：｛硬，軟｝，｛軟，硬｝，以及一個混合策略均衡。假設A豬選擇「硬」策略的機率為p，A豬選擇「軟」策略的機率為$1-p$，將B豬的選擇「硬」與「軟」混合策略的期望報酬相等，得到以下式子：

$$p\frac{\pi-c}{2} + (1-p)\ \pi = p \times 0 + (1-p)\ \frac{\pi}{2}$$

$$\rightarrow p = \frac{\pi}{c}$$

　　假設B豬選擇「硬」策略的機率為q，則選擇「軟」策略的機率為$1-q$，將A豬的選擇「硬」與「軟」混合策略的期望報酬相等，得到以下式子：

$$q\frac{\pi-c}{2} + (1-q)\ \pi = q \times 0 + (1-q)\ \frac{\pi}{2}$$

$$\rightarrow q = \frac{\pi}{c}$$

求出此賽局的混合策略均衡為：$p = \frac{\pi}{c}$，$1-p = 1 - \frac{\pi}{c}$；$q = \frac{\pi}{c}$，$1-q = 1 - \frac{\pi}{c}$ 或以（$\frac{\pi}{c}$，$\frac{\pi}{c}$）表示。

8.4.1.2 演化穩定策略 （evolutionary－stability）

　　1.當食物的價值大於打架付出的代價（$\pi > c$）時：

　　從演化的角度來看這賽局。假設採用「硬」策略的豬佔有多數，大部分的豬都用「硬」的策略，而運用「軟」策略的豬為少數的突變種

（mutant），突變「軟」豬入侵到「硬」策略佔有多數的「硬」豬群體中。在這賽局中，多數「硬」豬佔全體豬的數量比例為 μ（例如99/100＝0.99），突變「軟」豬的類型為m類，佔全體豬的數量比例為 $1-\mu$（例如$1-99/100＝0.01$）。

先算多數「硬」豬的期望報酬。假設兩豬亂數配對，一隻「硬」豬遇上一隻突變「軟」豬的機率為 $1-\mu$，可以獲得報酬 π；而遇到一隻「硬」豬的機率為 μ，獲得報酬 $\frac{\pi-c}{2}$。

接著計算突變「軟」豬的期望報酬。一隻突變「軟」豬遇上一隻「硬」豬的機率為 μ，可以獲得報酬0；而遇到另一隻突變「軟」豬的機率為 $1-\mu$，獲得報酬 $\frac{\pi}{2}$。

不管是硬或軟的策略，只要是期望報酬愈大的策略，豬會較喜歡採用，代表這報酬大的策略愈容易適應這環境。可以將這個策略的期望報酬，等同於豬的生存適應性（fitness），所以可以算出一個「硬」豬的適應性（即期望報酬）為 $\left[(1-\mu)\pi+\mu\frac{\pi-c}{2}\right]$。同樣地，也可以算出一個突變「軟」豬的適應性為 $\left[\mu\times0+(1-\mu)(\frac{\pi}{2})\right]$。因為 $\pi>c$，所以 $\frac{\pi-c}{2}>0$，且 $\pi>0$，$\pi>\frac{\pi}{2}$，μ 的值介於0和1之間，μ 很大（硬豬很多），而 $1-\mu$ 很小（軟豬很少），比較兩者的適應性可以得知：

$$(1-\mu)\pi+\mu\frac{\pi-c}{2}>\mu\times0+(1-\mu)\times\frac{\pi}{2}$$

因此可知「硬」豬的適應性較大（期望報酬較大），突變「軟」豬無法入侵到多數「硬」豬群體中，而會漸漸消失，所以「硬」豬是

演化穩定策略EES。也就是不管突變「軟」豬的比例$1-\mu$為多少，經過不斷地配對演化，「硬」豬的比例會漸漸增加，最後會站於優勢（predominant）。

現在換個角度來看，假設「軟」豬占多數，「硬」豬占少數為突變「硬」豬，μ很小，而$1-\mu$很大時，兩豬亂數配對，一隻「軟」豬遇上一隻突變「硬」豬的機率為μ，可以獲得報酬0；而遇到另一隻「軟」豬的比例為$1-\mu$，獲得$\frac{\pi}{2}$。一隻突變「硬」豬遇上另一隻突變「硬」豬的機率為μ，可以獲得報酬$\frac{\pi-c}{2}$；而遇到一隻「軟」豬的比例為$1-\mu$，獲得π。同樣算出一個「軟」豬的適應性為〔$\mu\times0+(1-\mu)(\frac{\pi}{2})$〕，一個突變「硬」豬的適應性為〔$(1-\mu)\pi+\mu\frac{\pi-c}{2}$〕。因為$\mu$很小，而$1-\mu$很大，比較兩者的適應性可以得知：

$$(1-\mu)\pi+\mu\frac{\pi-c}{2}>\mu\times0+(1-\mu)\times\frac{\pi}{2}$$

突變「硬」豬的適應性還是大於「軟」豬的適應性。

由以上可知，不管突變是屬於「硬」或「軟」的類型，經過配對演化後，「硬」豬最後還是站於優勢，漸漸讓「軟」豬消失不見。這結果和理性的納許均衡解（也就是囚犯困境）一樣，當食物的價值大於打架付出的代價（$\pi>c$）時，納許均衡解為（硬，硬），兩隻山豬都會採用「硬」的策略。

2.當食物的價值小於打架付出的代價（$\pi<c$）：

當有突變「硬」豬：

　　如果剛開始的群體大多數都是「軟」豬，如果有少數突變「硬」豬，是否可以成功入侵多數「軟」豬的群體中？在這賽局中，「硬」豬的類型為m類，即突變「硬」豬，佔全體豬的數量比例為 μ，多數「軟」豬佔全體豬的數量比例為 $1-\mu$。兩種豬用亂數配對，當一個「軟」豬遇上突變「硬」豬的機率非常小，為 μ，獲得0報酬；而一個「軟」豬遇到一隻「軟」豬的機率非常大，比例為 $1-\mu$，獲得 $\frac{\pi}{2}$。因此可以算出一個「軟」豬的適應性（fitness）為〔$\mu（0）+（1-\mu）\times\frac{\pi}{2}$〕。同樣地，突變「硬」豬遇到一隻「軟」豬的機率非常大，機率為 $1-\mu$，獲得報酬 π。突變「硬」豬遇到另一隻突變「硬」豬的機率非常小，比例為 μ，獲利 $\frac{\pi-c}{2}$，也可以算出一個「硬」豬的適應性（fitness）為〔$（1-\mu）\pi+\mu\frac{\pi-c}{2}$〕。因為 $\pi<c$，所以 $\frac{\pi-c}{2}<0$，且 $\pi>0$，但是 μ 的值非常小，而 $1-\mu$ 就非常大，比較兩者的適應性可以得知：

$$（1-\mu）\pi+\mu\frac{\pi-c}{2}>\mu\times0+（1-\mu）\times\frac{\pi}{2}$$

　　因此，突變「硬」豬比多數「軟」豬的適應性還高，所以也可以入侵成功，讓「軟」豬轉型變成「硬」豬。

　　當有突變「軟」豬時：

　　同樣地，「硬」豬佔全體豬的數量比例為 μ，則「軟」豬的比例為 $1-\mu$。假設用「硬」策略的豬佔有多數，大部份的豬都用「硬」的策略，運用「軟」策略的豬為少數的突變「軟」豬，「硬」豬和突變「軟」豬的適應性和上一節一樣。因為 $\pi<c$，所以 $\frac{\pi-c}{2}<0$，且 $\pi>$

0，但是因為 μ 很大，而 $1-\mu$ 很小，比較兩者的適應性可以得知：

$$（1-\mu）\pi + \mu\frac{\pi-c}{2} < \mu \times 0 +（1-\mu）\times \frac{\pi}{2}$$

因此，突變「軟」豬比多數「硬」豬的適應性還高，所以可以入侵成功，讓「硬」豬轉型變成「軟」豬。

整理以上兩種情況，不管豬是用那一種策略，是「硬」還是「軟」，只要是突變豬（為少數），都能入侵成功。因此，當食物的價值小於打架付出的代價 $\pi < c$ 時，這賽局沒有演化穩定策略EES。

當 $\pi < c$ 時，群體中兩種豬的亂數配對，會不會達到平衡穩定的狀態？以下分析兩種情況：一種可能情況是整個群體的混合者「硬」和「軟」的豬（群體混合），即每一個體都用純粹策略，不是用「硬」就是用「軟」，群體中所有的豬都用不同的策略——這會達到群體多型的均衡（polymorphic equilibrium）。第二種可能情況是：群體中每一個體都用混合策略（個體混合）。

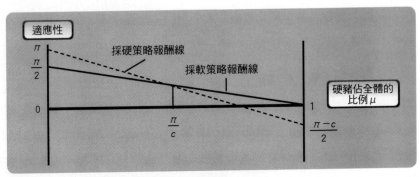

▶ 圖 8.12　$\pi < c$ 時多型均衡與適應性的關係圖

8.4.1.3 穩定的多型群體混合策略（Stable polymorphic population）

當 $\pi < c$，時突變「硬」豬的比例為 μ，軟豬的比例為 $1 - \mu$，突變「硬」豬的適應性（fitness）為 $(1 - \mu)\,\pi + \mu\,\dfrac{\pi - c}{2}$，多數「軟」豬的適應性（fitness）為 $\mu\,(0) + (1 - \mu) \times \dfrac{\pi}{2}$。

突變「硬」豬的適應性較好，如下所示：

$$(1 - \mu)\,\pi + \mu\,\frac{\pi - c}{2} > \mu\,(0) + (1 - \mu) \times \frac{\pi}{2}$$

可以簡化上式為

$$\pi - \frac{c\,\mu}{2} > \frac{\pi}{2}$$
$$\frac{\pi}{2} > \frac{c\,\mu}{2}$$
$$\mu < \frac{\pi}{c} \rightarrow 1 - \mu < 1 - \frac{\pi}{c}$$

如果突變「硬」豬，它的比例 μ 小於 $\dfrac{\pi}{c}$，則可以成功入侵多數「軟」豬。

突變「軟」豬的適應性較好，同樣也可計算如下所示：

$$(1 - \mu)\,\pi + \mu\,\frac{\pi - c}{2} < \mu\,(0) + (1 - \mu) \times \frac{\pi}{2}$$

可以簡化上式為

$$\mu > \frac{\pi}{c} \rightarrow 1 - \mu > 1 - \frac{\pi}{c}$$

如果突變「軟」豬的比例 $1 - \mu$ 大於 $1 - \dfrac{\pi}{c}$，則可以成功入侵多數「硬」豬。

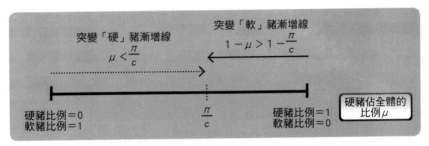

▶ 圖 8.13　突變硬豬與突變軟豬的漸增線

　　由以上可知，只要那一種類型數量較少，即突變種，它的適應性就較佳。「硬」豬的比例 $\mu = \dfrac{\pi}{c}$，則「軟」豬的比例 $1 - \mu = 1 - \dfrac{\pi}{c}$。如果「軟」豬當突變種，突變「軟」豬會漸漸地增加（軟豬 $1 - \mu$ 的比例會從接近0，走向中間，一直增加到 $1 - \dfrac{\pi}{c}$）；而多數「硬」豬會漸漸減少（μ 從接近1，走向中間，一直減到佔全體比例的 $\dfrac{\pi}{c}$，如圖8.13箭頭粗線）。

　　如果「硬」豬當突變種，突變「硬」豬會漸漸地增加（μ 的比例會從接近0，一直增加到 $\dfrac{\pi}{c}$，如圖8.13箭頭虛線），而多數「軟」豬會漸漸減少（$1 - \mu$ 從接近1一直減到佔全體比例的 $1 - \dfrac{\pi}{c}$）。

　　由以上可知，軟豬和硬豬的數量比例會達到 $\dfrac{\pi}{c} : 1 - \dfrac{\pi}{c}$ 的一個平衡點。因此，可以說在平衡的點中有穩定的多型均衡（polymorphic equilibrium），這點落在「硬」豬的群體比例 $\mu = \dfrac{\pi}{c}$ 及「軟」豬的群體比例 $1 - \mu = 1 - \dfrac{\pi}{c}$。這個和之前在懦夫賽局用理性算出混合策略均衡點一樣 $p = \dfrac{\pi}{c}$，$1 - p = 1 - \dfrac{\pi}{c}$，如圖8.12所示。

8.4.1.4 當 $\pi < c$ 時，每一個個體用混合策略

在「理性均衡策略」小節中，每個豬用理性混合策略會得到一個均衡，就是豬採用「硬」的混合策略均衡機率值 $\mu = \dfrac{\pi}{c}$ 及採用「軟」的混合策略均衡機率值 $1 - \mu = 1 - \dfrac{\pi}{c}$。以下檢視它是否為EES？

假設豬有三種運用策略的類型，第一類型為百分之百用「硬」的策略，稱作「硬」類型。第二類型百分之百用「軟」的策略，稱作「軟」類型。第三類型為「硬」和「軟」的策略混合運用，稱作「混」的策略。用「硬」的混合策略均衡機率為 $\mu*$，用「軟」的機率為 $1 - \mu*$。$\mu* = \dfrac{\pi}{c}$，$1 - \mu* = 1 - \dfrac{\pi}{c} = \dfrac{c - \pi}{c}$。

當一個「硬」類型或「軟」類型的豬遇到「混」類型的豬，它們的期望報酬取決於「混」類型的豬，採用那一種對應策略的機率。如果「混」採用「硬」的混合策略，其混合策略均衡機率為 $\mu*$ 乘上它的報酬就為期望值，如果「混」採用「軟」的混合策略，其混合策略均衡機率為 $1 - \mu*$ 乘上它的報酬為期望值。將兩個報酬值相加為總報酬值，以下計算「硬」類型或「軟」類型豬對上「混」類型的豬，以及「混」類型的豬對上另一個「混」類型的豬適應性值（fitness）。

一個「硬」類型的豬遇到「混」類型的豬會有兩種情況：第一為「硬」類型遇上「混硬」豬的期望值為 $\mu* \times \dfrac{\pi - c}{2}$。第二為「硬」類型遇上「混軟」豬的期望值為 $(1 - \mu*) \times \pi$，兩個期望值相加，得到總期望值如下：

$$\mu * \frac{\pi - c}{2} + (1 - \mu *) \pi \text{，因為} \mu *= \frac{\pi}{c} \text{代入}$$
$$= -\frac{1}{2} \frac{\pi}{c} (\pi - c) + \frac{\pi}{c} (c - \pi)$$
$$= \pi \frac{(c - \pi)}{2c}$$

一個「軟」類型的豬遇到「混」類型的豬也有兩種情況：「軟」類型遇上「混硬」豬的期望值為 $\mu * \times 0$；「軟」類型遇上「混軟」的期望值為 $(1 - \mu *) \times \frac{\pi}{2}$，兩個期望值相加，得到總期望值如下：

$$\mu * \times 0 + (1 - \mu *) \times \frac{\pi}{2} \text{，因為} \mu *= \frac{\pi}{c} \text{代入}$$
$$= \frac{\pi - c}{c} \frac{\pi}{2} = \frac{(c - \pi)}{2c}$$

我們發現這兩個適應性值（總期望值）相等，混合策略的比例 $\mu *$ 能夠準確的達到均衡，同樣地，如果一個「混」類型的豬遇到「混」類型的豬，也會得到相同的期望值，我們稱它為共同利潤（common payoff）（排擠）K，$K = \pi \frac{(c - \pi)}{2c}$。

當檢驗個體豬運用「混」類型是否為演化穩定策略時？會產生一個問題。假設群體中大部份的豬都是「混」類型（即個體豬採用「硬」策略的比例為 $\frac{\pi}{c}$，採用「軟」策略的比例為 $1 - \frac{\pi}{c}$），只有少數的個體突變豬採百分之百「硬」的策略，它佔總群體數非常小的比例 h，它入侵到群體中，個體突變「硬」豬遇到個體突變「硬」豬的機率為 h，獲得報酬為 $\frac{\pi - c}{2}$。個體突變「硬」豬遇到「混硬」與「混軟」的機率為 $1 - h$ 得到報酬 $K = \pi \frac{(c - \pi)}{2c}$，加總以上個體突變「硬」豬的期望值為：

$$h \frac{\pi - c}{2} + (1-h) k$$

接著計算個體豬是「混」類型的期望值。個體「混」豬遇到個體百分之百個體突變「硬」豬有（1－h）的機率，所以它的期望值為（1－h）乘上K。而個體「混」豬遇到同樣是個體「混」豬的機率為h。假設「混硬」豬的比例 μ 遇上個體「混硬」豬的機率為 μ，得到利潤為（$\pi - c$）/2，當「混」軟豬的比例 $1 - \mu$ 遇上個體「混硬」豬得到利潤為0，所以它總期望值如下：

$$h \mu \frac{\pi - c}{2} + (1-h) k$$

因為h值非常小，個體「混」類型豬的適應性值和少數的百分百個體突變「硬」豬的適應性值 $h \frac{\pi - c}{2} + (1-h) k$ 幾乎會相等。這重點是，因為個體突變「硬」豬非常少，個體突變「硬」豬和個體「混」類型豬大部份都會遇到個體「混」類型豬，因此它們之間的互動適應性會一樣。

我們再深入檢視突變「硬」豬是否會入侵每個混合策略豬的群體，依照「演化穩定」規則，比較那一類型適應性較高？首先原始群體中個體突變「硬」豬遇到每個「混」類型豬的報酬為 $K = \pi \frac{(c - \pi)}{2c}$，所以群體混類型豬的期望值（即適應性）為 $\mu K = \mu \pi \frac{(c - \pi)}{2 \pi}$。

突變「硬」豬遇上另一隻突變「硬」豬的報酬為 $\frac{\pi - c}{2}$（即適應性），因為 $\pi < c$，$\pi - c < 0$，$K > 0$，所以 $\mu K > \frac{\pi - c}{2}$。也就是說，突變「硬」豬遇上突變「硬」豬打架需花費大量的成本，總是得不到好

處。然而，「混」類型豬遇到突變「硬」豬，每個「混」豬只有 μ 的混合機率用硬，因此會和突變「硬」豬打架，「混」類型的群體的期望報酬為 μ 乘上 K，這個為正值，它大於突變「硬」豬的適應性。突變「硬」豬無法入侵整群的「混」類型豬。

同樣地，我們檢視突變「軟」豬是否成功入侵到「混」類型豬的群體中？突變「軟」豬在群體中的數量為 d，每個「混」類型遇到豬群體中個體突變「軟」豬包含兩個：每個「混」類型豬用混合硬策略的機率為 p，對上突變「軟」豬的報酬為 π，期望值為 $p\pi$。每個「混」類型豬用混合軟策略的機率為 $1-p$，對上突變「軟」豬的報酬為 $\frac{\pi}{2}$，期望值為（$1-p$）$\frac{\pi}{2}$。整群的「混」類型豬對上整群的突變「軟」豬的機率為 d，報酬為 $p\pi+$（$1-p$）$\frac{\pi}{2}$ 整群的「混」類型豬對上整群的「混」類型豬的機率為 $1-d$，報酬為 $K=\pi\frac{(c-\pi)}{2c}$。所以整個群體「混」類型豬的期望值（即適應性），以上所有加總為 $d[p\pi+$（$1-p$）$\frac{\pi}{2}]+$（$1-d$）K。

接下來計算群體中個體突變「軟」豬遇上個體突變「軟」豬的適應性。突變「軟」豬在群體中的數量為 d，整群「混」類型豬在群體中的數量為 $1-d$，每個突變「軟」類型豬，對上突變「軟」豬的機率為 d，報酬為 $\frac{\pi}{2}$，期望值為 $d\frac{\pi}{2}$。每個突變「軟」類型豬，對上整群「混」類型豬的機率為 $1-d$，獲得的報酬為 K，期望值為（$1-d$）K。所以整個群體突變「軟」類型豬的期望值（即適應性），以上所有加總為 $d\frac{\pi}{2}+$（$1-d$）K。

我們比較整群的「混」類型豬和百分百用突變「軟」豬的適應

性，發現$p\pi + (1-p)\dfrac{\pi}{2} > \dfrac{\pi}{2}$，整群的「混」類型豬較百分百用突變「軟」豬的適應性較佳，所以突變「軟」豬也無法入侵整群的「混」類型豬。

由以上可知，整群的「混」類型豬是ESS生物演化穩定策略。

我們整理當$\pi < c$時，根據生物演化可以找到兩個穩定的策略：第一個是整體混合穩定的多型群體均衡（群體混合策略均衡），第二個是每一個體用混合策略的均衡（個體混合策略均衡）。

8.4.2 物以稀為貴的把妹賽局

第二章的把妹賽局中（報酬矩陣表如表8.8）最好的策略組合是：一個追金髮另一個追黑髮（6, 3）（3, 6）。次好的組合是：雙方都追黑髮（3, 3）。最差的組合是：雙方均追金髮，雙方都沒得到好處（0, 0）。這賽局有一混合策略均衡，我們用生物演化的觀念解釋混合策略均衡存在的意義。

▶ 表 8.8　把妹賽局的混合策略報酬矩陣

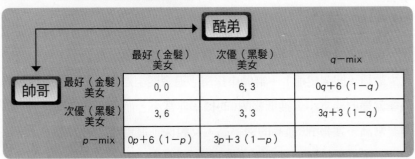

有一個族群是由許多的帥哥及酷弟所組成，假設不管帥哥還是酷

弟，他們採用「追金髮美女」數量比採用「追黑髮美女」數量還多，而且數量相差非常大，採用「追金髮美女」的策略是多數種，佔全體數量的比例大，而採「追黑髮美女」的策略是少數種（即突變種），佔全體數量的比例小。

因此採用「追金髮」的人遇上同時採用「追金髮」的人，雙方均得到最低報酬0（如表8.8），由於「追金髮」的數量遠比「追黑髮」的多很多，雙方都是「追金髮」這個配對的機率非常高；如果「追金髮」的人遇上「追黑髮」的人，雖然獲利最高6，但是機率卻非常低。經過好幾次的配對後，大部份採用「追金髮」的人發現，採用「追金髮」的策略獲得低報酬0的機率非常的高。反觀採用「追黑髮」的人遇上採用「追金髮」的機率也高，很容易就得到次高報酬3，而遇上「追黑髮」的機率很低，但是也可以獲得次高報酬3。於是一部份採用「追金髮」的人看到這失衡的情況，會紛紛改採「追黑髮」的策略，因此群體採用「追金髮」的人數會漸漸減少，相對地，採用「追黑髮」的人數會漸漸增加。

如果群體採用「追黑髮」美女數量比採用「追金髮」美女數量還多，採用「追黑髮」美女的策略是多數種，而採「追金髮」美女的策略是少數種（即突變種）。群體中採用「追金髮」遇上採用「追金髮」的機率就變的非常小，獲低報酬0的機率非常小，而遇上「追黑髮」的機率非常高，獲報酬6最高的機率高。反觀採「追黑髮」的人遇上「追金髮」的機率變很低，得到次高報酬3；而遇上「追黑髮」的機率很高，

可以獲得次高報酬3。「追黑髮」的人看到這失衡的情況，採「追金髮」的人較少，而且較容易獲得高利潤，於是一部份採用「追黑髮」的人會紛紛改採「追金髮」的策略，因此群體採用「追黑髮」的人數會漸漸減少，相對地，採用「追金髮」的人數會漸漸增加。

綜合以上的兩種情況，由於群體中採「追金髮」的人數及採「追黑髮」的人數差距很大時，數量大的會下降，而數量小的會上升，雙方比例會達穩定的平衡，運用上節「穩定的多型群體是ESS生物演化穩定策略的概念」，將這個比例算出。

當群體中有採「追黑髮」的人，也有採「追金髮」的人，他們是混合存在群體當中，這些人經過多次的互相配對後，因為採用策略的適應性（即期望報酬）相等，兩者會達到一個穩定ESS。假設帥哥「追金髮」佔全體人數的穩定比例為p；而「追黑髮」佔全體人數的穩定比例為$1-p$。酷弟「追金髮」佔全體人數的穩定比例為q；而「追黑髮」佔全體人數的穩定比例為$1-q$。

首先分析帥哥「追金髮」等於「追黑髮」 的適應性（即期望報酬）相等：

不管帥哥「追金髮」與「追黑髮」的人誰多誰少，帥哥和酷弟亂數配對，「追金髮」的帥哥遇到酷弟「追金髮」的機率為q，獲得的報酬為0，適應性為$0 \times q$；而遇到酷弟「追黑髮」的機率為$1-q$，獲得的報酬為6，適應性為$6 \times (1-q)$，帥哥「追金髮」的總適應性為$0 \times q + 6 \times (1-q)$。

「追黑髮」的帥哥遇到酷弟「追金髮」的機率為q，獲得的報酬為3，適應性為$3 \times q$；而遇到酷弟「追黑髮」的機率為$1-q$，獲得的報酬為3，適應性為$3 \times (1-q)$，帥哥「追黑髮」的總適應性為$3 \times q + 3 \times (1-q)$。

帥哥以上兩者策略的適應性相等：

$0 \times q + 6 \times (1-q) = 3 \times q + 3 \times (1-q)$；$q = \dfrac{1}{2}$，即$1-q = \dfrac{1}{2}$。

求出酷弟ESS「追金髮」比例為0.5，「追黑髮」比例也為0.5。以上的計算方式和第三章的混合策略$q-\text{mix}$計算方式相同。

接著分析酷弟「追金髮」等於「追黑髮」的期望報酬相等：

不管酷弟「追金髮」與「追黑髮」的人誰多誰少，酷弟和帥哥亂數配對，「追金髮」的酷弟遇到帥哥「追金髮」的機率為p，獲得的報酬為0，適應性為$0 \times q$；而遇到帥哥「追黑髮」的機率為$1-p$，獲得的報酬為6，適應性為$6 \times (1-p)$，帥哥「追金髮」的總適應性為$0 \times q + 6 \times (1-q)$。

「追黑髮」的酷弟遇到帥哥「追金髮」的機率為p，獲得的報酬為3，適應性為$3 \times p$；而遇到帥哥「追黑髮」的機率為$1-p$，獲得的報酬為3，適應性為$3 \times (1-p)$，帥哥「追金髮」的總適應性為$3 \times p + 3 \times (1-p)$。

酷弟以上兩者策略的適應性相等：

$0 \times p + 6 \times (1-p) = 3 \times p + 3 \times (1-p)$；$p = \dfrac{1}{2}$，即$1-p = \dfrac{1}{2}$。

求出帥哥ESS「追金髮」比例為0.5，「追黑髮」比例也為0.5。以上的計算方式和第三章的混合策略$p-mix$計算方式相同。

從上式可以發現演化賽局中，當每一個參賽者的策略選擇對應到對手的策略時，他們會根據策略組合的報酬大小做改變，這個改變會讓參賽者的選擇策略的比例達到一個穩定現象（即ESS），它和混合策略納許均衡的結果相同，這驗證了混合策略納許均衡定理的合理性。

▶ 問題與討論

1. 有一群怪鳥棲息在澳洲，母鳥喜歡打翻其它鳥的巢，讓其它鳥孵的蛋掉到地上破掉，假定有兩隻母鳥A、B，雙方都有兩個策略可以選擇：「攻擊」和「不攻擊」對手鳥巢，它們雙方策略互動報酬如下表：

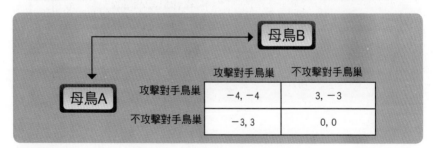

		攻擊對手鳥巢	不攻擊對手鳥巢
母鳥A	攻擊對手鳥巢	−4, −4	3, −3
	不攻擊對手鳥巢	−3, 3	0, 0

請用穩定的多型群體是ESS生物演化穩定策略的概念，來解釋「喜歡攻擊對手鳥巢」的母鳥可以生存，並且計算母鳥分別使用兩個策略的群體比例？

2. 在魚市場叫價拍賣，老闆（拍賣者）要賣一箱魚貨，第一次出價為

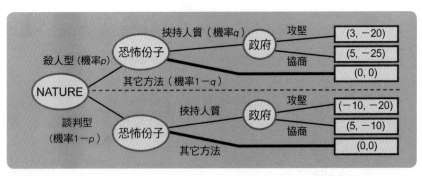

1000元，你看到這批魚貨大概只值600元，請問你要如何以低於1000元的價格，將這魚貨買下？如果老闆的低價為800元，成交價會是多少錢？

3.eBay網路拍賣中（屬密封式拍賣），如果有10人競標一個拍賣品，投標者的底價為2000元，請問投標者的最佳投標值為多少？

4.近年來恐怖份子挾持人質的目的有些改變，以往恐怖份子挾持人質是希望能和有關當局協商換取利益，但是近年來恐怖份子是以殺人為目的，只要媒體開始播放，就立刻大開殺戒。以下是恐怖份子兩種類型的擴展形式賽局，請使用危機邊緣政策的方式來分析這場賽局。

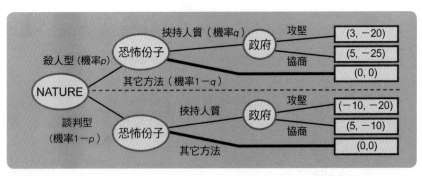

參考書目

【1】賽局理論，謝淑貞，三民書局有限公司，1999。

【2】Basar, T. and G. J. Olsder (1999). *Dynamic Noncooperative Game Theory*, Philadelphia, Academic Press.

【3】Berkovitz, L. D. and M. Dresher (1959). "A Game-Theory Analysis of Tactical Air War," Operations Research, Vol.7, pp.599–620.

【4】Chen, Y-M, D. Wu, and C-K. Wu (2008). "A Game Theory Approach for an Emergency Management Security Advisory System," *IEEE International Conference on Intelligence and Security Informatics*, pp.116–121.

【5】Dixit, A. and S. Skeath (2001). *Games of Strategy*. W. W. Norton & Company.

【6】Friedman, J.W. (1986). *Game Theory with Applications to Economics*. Oxford University Press.

【7】Gibbon, R. (1992). *A Primer in Game Theory*. Harvester Wheatsheaf.

【8】Hansen, T. (1974). "On the Approximation of Nash Equilibrium Points in an N-Person Non-Cooperative Game," *SIAM J. Applied Math*, Vol.26, No.3, pp.622–637.

【9】Lanchester F.W. (1956), Mathematics in Warfare in The World of Mathematics, Vol. 4Ed., pp.2138-2157.

【10】Lemke, C. E. and J. T. Howson (1964). "Equilibrium Points of Bimatrix Games," *SIAM J. Applied Math.*, Vol.12, pp.413–423.

【11】Lewis, H. W. (1997). *Why Flip a Coin? : The Art and Science of Good Decisions*. John Wiley and Sons.

【12】McKelvey, R. D., M. Andrew, and T. L. Turocy (2007). Gambit: Software Tools for Game Theory, http://econweb.tamu.edu/gambit.

【13】Melvin, D. (1981). *The Mathematics of Game of Strategy Theory and Application*. Dover Publication, Inc., New York.

【14】Moulin, Hervé, Fair Division and Collective Welfare, 2003, Cambridge, Mass. : MIT Press.

【15】Nash, J. (1951). "Non-Cooperative Games," *Annals Math.* second series, Vol.54, pp.286–295.

【16】Osborne, M. J. and A. Rubinstein (1994). *A Course in Game Theory.* MIT Press.

【17】Owen, G. (2001). *Game Theory.* 3rd Ed. New York, NY: Academic Press.

【18】Palacios Huerta, I. (2003): "Professionals Play Minimax," Review of Economic Studies, 70, 395–415.

【19】Papadimitriou, C. H. (1994). *Computational Complexity.* Addison-Wesley: Reading, MA.

【20】Paruchuri, P., J. P. Pearce, J. Marecki, M. Tambe, F. Ord' o˜nez, and S. Kraus (2008). "Playing Games for Security: An Efficient Exact Algorithm for Solving Bayesian Stackelberg Games," *The 7th International Conference on Autonomous Agents and Multiagent Systems* (AAMAS-2008), pp.895–902.

【21】Ranganathan, N., U. Gupta, R. Shetty and A. Murugavel (2007). "An Automated Decision Support System Based on Game Theoretic Optimization for Emergency Management in Urban Environments," *Journal of Homeland Security and Emergency Management*, Vol.4, Issue 2, article 1.

【22】Rasmusen, E. (2007). *Games and Information: an Introduction to Game Theory*, Fourth Edition, Blackwell Publishing.

【23】Robert J. Aumann and Michael Maschler (1985), "Game theoretic analysis of a bankruptcy problem from the Talmud", Journal of Economic Theory, Volume 36, Issue 2, PP. 195-213.

【24】Schelling, T. C. (1980). The Strategy of Conflict, Harvard University Press.

【25】Tessier, C., L. M. Chaudron, and J. Heinz (2001). Conflicting Agents–Conflict Management in Multi-Agent Systems, Kluwer Academic Publishers, USA.

【26】Von, N. J. and O. Morgenstern (1944). *Theory of Games and Economic Behaviour*. Princeton University Press.

五南文化廣場

橫跨各領域的專業性、學術性書籍
在這裡必能滿足您的絕佳選擇!

五南全國門市

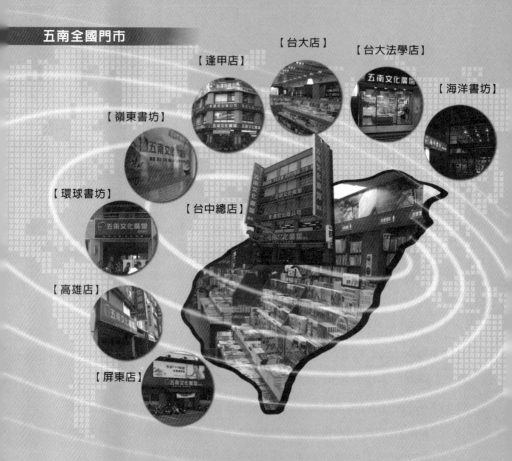

【逢甲店】　【台大店】　【台大法學店】

【嶺東書坊】　　　　　　　　　　【海洋書坊】

【環球書坊】

【台中總店】

【高雄店】

【屏東店】

海洋書坊：202 基 隆 市 北 寧 路 2號　TEL：02-24636590　FAX：02-24636591
台　大　店：100 台北市羅斯福路四段160號　TEL：02-23683380　FAX：02-23683381
台大法學店：100 台北市中正區銅山街1號　TEL：02-33224985　FAX：02-33224983
逢　甲　店：407 台中市河南路二段240號　TEL：04-27055800　FAX：04-27055801
台中總店：400 台 中 市 中 山 路 6號　TEL：04-22260330　FAX：04-22258234
嶺東書坊：408 台中市南屯區嶺東路1號　TEL：04-23853672　FAX：04-23853719
環球書坊：640 雲林縣斗六市嘉東里鎮南路1221號　TEL：05-5348939　FAX：05-5348940
高　雄　店：800 高 雄 市 中 山 一 路 290號　TEL：07-2351960　FAX：07-2351963
屏　東　店：900 屏 東 市 中 山 路 46-2號　TEL：08-7324020　FAX：08-7327357
中信圖書團購部：400 台 中 市 中 山 路 6號　TEL：04-22260339　FAX：04-22258234
政府出版品總經銷：400 台中市綠川東街32號3樓　TEL：04-22210237　FAX：04-22210238
網 路 書 店　http://www.wunanbooks.com.tw

專業法商理工圖書‧各類圖書‧考試用書‧雜誌‧文具‧禮品‧大陸簡體書
政府出版品總經銷‧中信圖書館採購編目‧教科書代辦業務

圖解財經商管系列

※ 最有系統的圖解財經工具書。

※ 一單元一概念，精簡扼要傳授財經必備知識。

※ 超越傳統書籍，結合實務精華理論，提升就業競爭力，與時俱進。

※ 內容完整，架構清晰，圖文並茂．容易理解．快速吸收。

圖解行銷學
／戴國良

圖解管理學
／戴國良

圖解作業研究
／趙元和、趙英宏、
趙敏希

圖解國貿實務
／李淑茹

圖解策略管理
／戴國良

圖解人力資源管理
／戴國良

圖解財務管理
／戴國良

圖解領導學
／戴國良

圖解會計學
／趙敏希
馬嘉應教授審定

圖解經濟學
／伍忠賢

博雅文庫 003

賽局原來這麼生活

作　　者	吳正光
發 行 人	楊榮川
總 編 輯	王翠華
主　　編	張毓芬
責任編輯	侯家嵐
文字校對	陳欣欣
封面設計	盧盈良
排版設計	張書易
出 版 者	博雅書屋有限公司
地　　址	106台北市大安區和平東路二段339號4樓
電　　話	(02)2705-5066
傳　　真	(02)2706-6100
劃撥帳號	01068953
戶　　名	五南圖書出版股份有限公司
網　　址	http://www.wunan.com.tw
電子郵件	wunan@wunan.com.tw
法律顧問	元貞聯合法律事務所　張澤平律師
出版日期	2012年011月初版一刷

定　　價　新臺幣320元

國家圖書館出版品預行編目資料

賽局原來這麼生活 / 吳正光 著. ──初版. ──
臺北市：博雅書屋, 2012.11
　面；　公分
　ISBN 978-986-6098-66-6(平裝)
1.博奕論
319.2　　　　　　　　　　101015015